essentials

Essentials liefern aktuelles Wissen in konzentrierter Form. Die Essenz dessen, worauf es als „State-of-the-Art" in der gegenwärtigen Fachdiskussion oder in der Praxis ankommt, komplett mit Zusammenfassung und aktuellen Literaturhinweisen. Essentials informieren schnell, unkompliziert und verständlich

- als Einführung in ein aktuelles Thema aus Ihrem Fachgebiet
- als Einstieg in ein für Sie noch unbekanntes Themenfeld
- als Einblick, um zum Thema mitreden zu können.

Die Bücher in elektronischer und gedruckter Form bringen das Expertenwissen von Springer-Fachautoren kompakt zur Darstellung. Sie sind besonders für die Nutzung als eBook auf Tablet-PCs, eBook-Readern und Smartphones geeignet.

Essentials: Wissensbausteine aus Wirtschaft und Gesellschaft, Medizin, Psychologie und Gesundheitsberufen, Technik und Naturwissenschaften. Von renommierten Autoren der Verlagsmarken Springer Gabler, Springer VS, Springer Medizin, Springer Spektrum, Springer Vieweg und Springer Psychologie.

Christian Brecher • Christoph Baum
Bernd Meiers • Daniel De Simone
Reik Krappig

Kunststoffkomponenten für LED-Beleuchtungs-anwendungen

Werkzeugtechnik, Replikation und Metrologie

Prof. Dr.-Ing. Christian Brecher
Dipl.-Ing. Christoph Baum
M. Sc. Bernd Meiers
M. Eng. Daniel De Simone
Dipl.-Ing. Reik Krappig

Aachen
Deutschland

ISSN 2197-6708 ISSN 2197-6716 (electronic)
essentials
ISBN 978-3-658-12249-2 ISBN 978-3-658-12250-8 (eBook)
DOI 10.1007/978-3-658-12250-8

Die Deutsche Nationalbibliothek verzeichnet diese Publikation in der Deutschen Nationalbibliografie; detaillierte bibliografische Daten sind im Internet über http://dnb.d-nb.de abrufbar.

Springer Vieweg

Gedruckt auf säurefreiem und chlorfrei gebleichtem Papier

Springer Fachmedien Wiesbaden ist Teil der Fachverlagsgruppe Springer Science+Business Media (www.springer.com)

Was Sie in diesem Essential finden können

- Darstellung der Prozessketten zur replikativen Fertigung optischer Kunststoffkomponenten
- Maschinentechnik für die zerspanende Bearbeitung hochpräziser Abformwerkzeuge
- Herausforderungen und notwendigen Kenntnisse im Bereich Optik-Spritzguss
- Fachwissen zur Auslegung und Herstellung strukturierter Lichtleiter aus Kunststoff
- Erläuterungen zu herausfordernden Merkmalen und Verfahrensvarianten für die messtechnische Charakterisierung

Inhaltsverzeichnis

1 Einleitung ... 1

2 LED-Vorsatzoptiken: Formen, Toleranzen und Anforderungen ... 3

3 Herstellung von Werkzeugformeinsätzen durch Diamantzerspanung ... 7
3.1 Maschinentechnik und Bearbeitungswerkzeuge ... 7
3.2 Diamantzerspanbare Materialien für optische Formeinsätze ... 10
3.3 Ultrapräzisionsprozesse für die Formeinsatzherstellung ... 13
3.4 Programmbeschreibung komplexer Oberflächen ... 16
3.5 Walzenbearbeitung ... 17

4 Replikation von Kunststoffoptiken im Spritzgießverfahren ... 19
4.1 Maschinen- und Peripherietechnik ... 21
4.2 Werkzeugtechnik ... 24
4.3 Prozesstechnik ... 27

5 Herstellung von Flächenlichtleitern ... 31
5.1 Optisches Design von Flächenlichtleitern ... 35
5.2 Fertigung mikrostrukturierter Flächenlichtleiter ... 37
5.3 Kontinuierliche Produktion optischer Folien ... 41

6 Messtechnische Charakterisierung optischer Komponenten 43
6.1 Herausforderungen in der Prüfung optischer Funktionsflächen ... 43
6.2 Übersicht und Praxisbeispiele zu ausgewählten Verfahren 47
6.3 Von der einzelnen Funktionsfläche zum Gesamtsystem 51

Was Sie aus diesem Essential mitnehmen können 53

Formelzeichen und Abkürzungen 55

Literatur 57

1 Einleitung

Optikkomponenten finden sich als zentrales Element in vielen technischen Produkten. Ungebrochen ist dabei der Trend zur Integration möglichst vielfältiger Funktionen in einem perfekt abgestimmten Gesamtsystem. Gleichzeitig sollen solche Systeme aber immer kompakter und die einzelnen Komponenten leistungsfähiger werden.

Der zunehmende Einsatz von LEDs in Beleuchtungsanwendungen ist eine Folge dieser Entwicklung und geht mit einem wachsenden Bedarf an hochpräzise gefertigten Kunststoffoptiken einher. Dabei überzeugen optische Kunststoffkomponenten im Vergleich zu konventionellen Glaswerkstoffen durch viele Vorteile: geringeres Gewicht, günstige Massenproduktion, Designfreiheit in Gestalt und Form sowie Integration verschiedener Funktionsteile. Die zu erfüllenden Anforderungen sind dabei überaus vielfältig, da je nach konkreter Applikation unterschiedliche Komponenten zum Einsatz kommen. Hierzu gehören vor allem die beiden Klassen dickwandiger LED-Vorsatzoptiken einerseits bzw. flächiger Lichtleitelemente andererseits.

Dieses Essential befasst sich mit den Prozessketten zur Herstellung solcher optischen Komponenten und soll dem interessierten Leser die Möglichkeit bieten, sich in kurzer Zeit über Grundlagen und Details der gesamten Prozesskette zu informieren. Mit Blick auf eine wirtschaftliche Fertigung der Komponenten liegt der inhaltliche Fokus des Essentials auf den kostengünstigen replikativen Verfahren wie dem Kunststoffspritzguss oder den Rolle-zu-Rolle-Prozessen.

Insofern adressieren die Kapitel des Essentials die wesentlichen Verfahrensschritte einer solchen Produktion, angefangen bei der Fertigung eines entsprechenden Formwerkzeugs, über den eigentlichen Replikationsprozess und die Besonderheiten flächiger Lichtleiter, bis hin zur messtechnischen Charakterisierung der auf diese Weise erzeugten Komponenten. Dabei wird im Rahmen der gebotenen Kürze auf die notwendige Maschinen- und Werkzeugtechnik ebenso eingegangen,

C. Brecher et al., *Kunststoffkomponenten für LED-Beleuchtungsanwendungen*,
essentials, DOI 10.1007/978-3-658-12250-8_1

wie auf mögliche Verfahrensvarianten, die verwendeten Materialien und Beispielgeometrien.

Die Basis dieser Informationen bildet die langjährige Forschungs- und Entwicklungsarbeit des Fraunhofer-Instituts für Produktionstechnologie IPT in Aachen im Bereich der optischen Technologien. Neben zahlreichen Veröffentlichungen und entsprechenden Veranstaltungen wie dem Seminar „Herstellung optischer Kunststoffkomponenten für LED Beleuchtungsanwendungen" werden in bilaterale Entwicklungsprojekte neuste Herstellungsverfahren im Bereich der Kunststoffoptik erforscht. Das vorliegende Essential soll einen Beitrag zum Wissenstransfer zwischen Forschung und Industrie leisten sowie die wesentlichen Informationen transportieren und dem Leser ein Grundverständnis für das dynamische Feld der LED-Beleuchtungstechnologie vermitteln.

2 LED-Vorsatzoptiken: Formen, Toleranzen und Anforderungen

Erst durch den Einsatz von Vorsatzoptiken kann das volle Potenzial der LED-Lichttechnik effizient genutzt werden. Das Licht der LED wird mit Hilfe einer Vorsatzoptik aus Kunststoff so geformt, dass es dort ankommt, wo es benötigt wird und somit vielseitig einsetzbar ist. Anwendungsgebiete ergeben sich im Bereich der Beleuchtung von Wohn- und Büroräumen, von Gebäuden und Straßen aber auch beispielsweise im Automobilbereich, der Signal- und Werbebeleuchtung sowie der Medizintechnik.

Bei diesen Beleuchtungsanwendungen spielt die Lichtverteilung eine entscheidende Rolle. Da die Lichtemission von Leuchtdioden punktförmig erfolgt, werden zur punktuellen und diffusen Ausstrahlung von Objekten sowohl Diffusionslinsen und Reflektoren als auch Kollimatoren benutzt, mit denen der Lichtstrahl in seinem Abstrahlwinkel verändert werden kann. Die vorwiegenden physikalischen Wirkprinzipien bei Beleuchtungsoptiken sind die Refraktion (Lichtbrechung) und Reflektion. Im Bereich abbildender Optiken werden darüber hinaus noch diffraktive optische Elemente (Lichtbeugung) eingesetzt.

Eine LED ohne Vorsatzoptik entspricht meistens annähernd einem lambertschen Strahler. Eine lambertsche Abstrahlung ist in den meisten Anwendungsfällen jedoch nicht gewünscht, da für Beleuchtungsanwendungen keine Bildschirmarbeitsplatztauglichkeit nach DIN EN 12464-1 und keine verminderte Blendwirkung nach UGR erreicht wird. Aus diesem Grund ist eine Strahlformung mittels Linse notwendig. Die hierzu eingesetzten LED-Vorsatzoptiken sind dabei nach ihrer Abstrahlcharakteristik zu unterscheiden, wobei die Batwing-Verteilung besonders hervorzuheben ist.

Die Batwing-Lichtcharakteristik, ursprünglich für Verkehrsampeln konzipiert, bezeichnet die Lichtstärke-Verteilung einer Leuchte mit betont breitstreuendem Abstrahlprofil (Hoerberg 2007, S. 14). Die Namensgebung erfolgte aufgrund der einer flügelförmigen Form ähnelnden Lichtstärke-Verteilungskurve (Abb. 2.1,

C. Brecher et al., *Kunststoffkomponenten für LED-Beleuchtungsanwendungen*, essentials, DOI 10.1007/978-3-658-12250-8_2

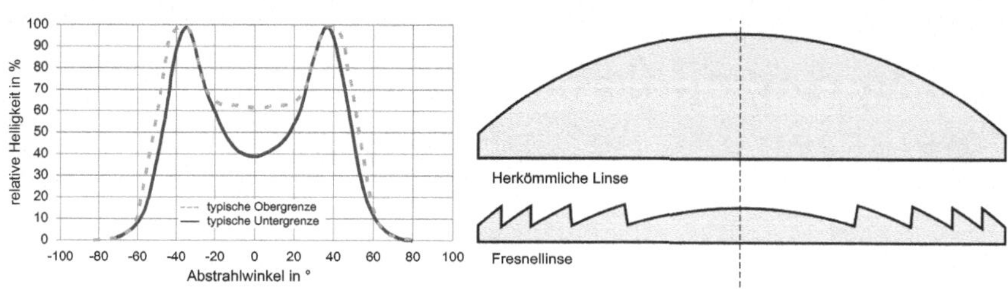

Abb. 2.1 Abstrahlcharakteristik einer Batwing-Optik und Prinzipskizze einer Fresnellinse

links). Das Licht wird hierbei in einem Kegel mit 40–60° Öffnungswinkel verstärkt und in der Mitte leicht abgeblendet. Um diese Lichtcharakteristik zu erzielen, kommen oftmals Fresneloptiken zum Einsatz (Abb. 2.1, *rechts*). Ausschlaggebend für die refraktiven Eigenschaften einer Optik ist hauptsächlich die Krümmung der Grenzfläche zweier Stoffe (z. B.: Kunststoff und Umgebungsluft). Dieser Aspekt wird sich bei Fresneloptiken zunutze gemacht, indem die Oberfläche der Optik mit konzentrischen Ringsegmenten versehen wird, die für eine gezielte Sammlung bzw. Ablenkung des Lichtes sorgen. Die Dicke der Linse wird also reduziert, was sowohl Volumen und Bauhöhe als auch Gewicht im Verhältnis zur ursprünglichen Volllinse deutlich verringert.

Der am häufigsten verwendete Typ für LED-Vorsatzoptiken ist der TIR-Kollimator (Total Internal Reflecion). Diese Mischoptik verwendet eine Kombination aus einer zentralen refraktiven Linsenfläche und einer totalreflektierenden seitlichen Flanke der Polymeroptik. Das emittierte Punktlicht der LED wird dabei kollimiert. Das bedeutet, dass wie bei einem Parabolspiegel ein paralleler Lichtstrahl erzeugt wird. Typischerweise weisen TIR-Linsen ein rotationssymmetrisches Design auf, die eine gleichmäßige kreisförmige Lichtverteilung ermöglicht. Abbildung 2.2 verdeutlicht das Funktionsprinzip schematisch. TIR-Linsen sind aufgrund des verwendeten Prinzips der Totalreflexion äußerst effizient und können Lichtenergie aus verschiedenen Richtungen zu einem gebündelten Lichtstrahl fokussieren. Noch engere Strahlen lassen sich mit einem katadioptrischen System erzielen: das emittierte Licht passiert einen Glaskonus und trifft schräg auf eine reflektierende Schicht an der Öffnung des Reflektors. Von dort wird es in diesen zurückgeworfen und im Reflektor so reflektiert, dass es diesen als schmales, paralleles Lichtbündel verlässt.

In den letzten Jahren haben sich darüber hinaus zunehmend LED-Vorsatzoptiken mit Freiformoberflächen etabliert, d. h. Oberflächen, die nicht durch eine geringe Anzahl an Freiheitsgraden beschreibbar sind wie bspw. Sphären oder Asphären, sondern über viele tausende Parameter beschrieben werden (i. A. als

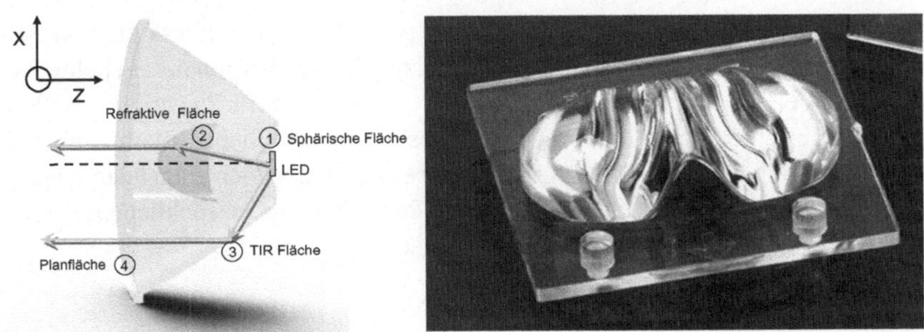

Abb. 2.2 Funktionsweise TIR-Kollimator-Linse und On-Axis-Freiformoptik für LED-Straßenbeleuchtung

Spline-Oberflächen). Durch die Beziehung zwischen Eingangs- und Ausgangsstrahlen wird die optische Freiformfläche bestimmt: jedem Punkt der Oberfläche wird eine Normalenrichtung zugewiesen, sodass genau eine Eingangsrichtung mit einer Ausgangsrichtung über Brechung oder Totalreflexion verknüpft wird. Somit sind mit Hilfe von Freiformflächen beliebige Lichtverteilungen realisierbar. Neben klassischen On-Axis-Flächen, die eine zentrische Ausleuchtung vorsehen, ist es mit Off-Axis-Flächen der Freiformoptik zudem möglich, seitlich versetzte Ausleuchtungsprofile mit gewünschtem Intensitätsprofil zu projizieren.

Für viele LED-Vorsatzoptiken aus Kunststoff gilt, dass diese grundsätzlich auch als Arrays für multiple LED-Anordnungen ausgelegt werden können. Hierbei sind die dem Stand der Technik entsprechenden Toleranzen einer Einzeloptik entsprechend auf das Gesamtsystem zu übertragen. Beispielhaft sind hier die Toleranzen für die Mittendicke mit ±0,01–0,05 mm und die Zentriergenauigkeit von 0,02–0,05 mm zu nennen (Bäumer 2005, S. 28). Die Integration mechanischer Elemente zur Montage und die Überlagerung der Optik mit Mikrostrukturen (Diffusorstruktur) stellen weitere Möglichkeiten zur Funktionsintegration dar. Zu beachten ist beim Einsatz kunststoffbasierten LED-Vorsatzoptiken das Wärmemanagement des Lichtsystems, da in Abhängigkeit des verwendeten thermoplastischen Kunststoffes die zulässige Dauergebrauchstemperatur (z. B. PMMA <85°) nicht überschritten werden darf. Die hohe Qualität der Optik und der damit verbundene Herstellungsprozess sind maßgeblich entscheidend für die optische Anwendung und für deren Erfolg.

Die geometrischen Vorgaben, die sich aus dem optischen Design für Polymeroptiken ergeben, stellen in vielerlei Hinsicht eine Herausforderung für die Fertigungstechnologie dar: große Wandstärken, geringe Kantenverrundungen sowie höchste Oberflächengüten in Kombination mit geringen Formtoleranzen erfordern angepasste Verfahrensvarianten entlang der gesamten Produktionskette von Polymeroptiken. Neben technischen Gesichtspunkten ist darüber hinaus ein hoher Kostendruck bei der Herstellung von Polymeroptiken zu berücksichtigen, wodurch weitere Einschränkungen insbesondere hinsichtlich möglicher Zykluszeiten zur Präzisionssteigerung im Spritzgussprozess resultieren. In den folgenden Kapiteln werden Technologien vorgestellt, mit Hilfe derer den widersprüchlichen Anforderungen der Optikfertigung begegnet werden kann.

Herstellung von Werkzeugformeinsätzen durch Diamantzerspanung

3

In diesem Kapitel soll die generelle Herangehensweise an die Herstellung optischer Werkzeugformeinsätze beleuchtet werden. Neben der erforderlichen Maschinen- und Werkzeugtechnik, werden besonders die benötigten Ultrapräzisionsprozesse und die eingesetzten Materialien sowohl auf Formeinsatz- als auch auf Maschinenseite beschrieben.

Anhand verschiedener Beispielgeometrien werden Programmieransätze und Grenzen der Bearbeitbarkeit aufgezeigt. Dabei sind heute besonders strukturierte und freigeformte Oberflächen von großem Interesse. Abschließend soll auf die Bearbeitung von Walzen eingegangen werden, die funktionale Strukturen in effizienten Rolle-zu-Rolle Verfahren replizieren können.

3.1 Maschinentechnik und Bearbeitungswerkzeuge

Optisch funktionale Komponenten erfordern zur Erfüllung ihrer Funktion eine hohe Form- und Oberflächengüte im Sub-Mikrometerbereich. Maßgeblichen Einfluss besitzt dabei die Güte des hergestellten Werkzeugformeinsatzes. Zum Erreichen der Sub-Mikrometergenauigkeit werden sogenannte Ultrapräzisionsprozesse eingesetzt. Diese zeichnen sich durch besondere Maschinenkomponenten aus und ermöglichen mit geeigneten Werkzeugen und Prozessparametern die Erzeugung optischer Oberflächen.

Die Herstellung optischer Werkzeugformeinsätze ist dabei ein mehrstufiger Prozess und eine Kombination konventioneller zerspanender Verfahren und nachgelagerter Ultrapräzisionsprozesse. In erster Instanz wird die Grundgeometrie durch konventionelle spanende Verfahren mit geometrisch bestimmten Schneiden wie Fräs- oder Drehprozesse hergestellt – durch hohe Spanvolumina kann die

C. Brecher et al., *Kunststoffkomponenten für LED-Beleuchtungsanwendungen*, essentials, DOI 10.1007/978-3-658-12250-8_3

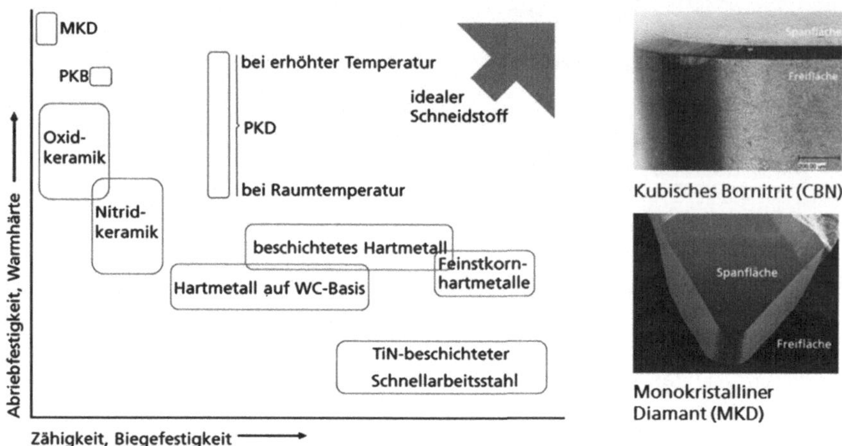

Abb. 3.1 Eigenschaften verschiedener Schneidstoffe. (Klocke und König 2008)

Grundgeometrie eines Werkzeugformeinsatzes durch diese Verfahren effizient erzeugt werden.

Die genutzten Bearbeitungswerkzeuge (Schnellarbeitsstähle, keramische Werkzeuge, Hartmetallwerkzeuge oder kubisches Bornitrit (CBN)) unterscheiden sich in Bezug auf ihre Verschleiß- oder Abriebfestigkeit und Zähigkeit. Während eine höhere Warmfestigkeit gemäß Abb. 3.1 höhere Schnittgeschwindigkeiten ermöglicht, erlaubt eine höhere Zähigkeit der Werkzeuge höhere Vorschübe.

Werkzeuge mit hoher Zähigkeit finden häufiger Anwendung in Prozessen mit unterbrochenem Schnitt und wechselnden Belastungen auf das Werkzeug, etwa Fräsprozesse. Durch zumeist kontinuierliche Schnitte und gleichmäßige Belastungen in Drehprozessen können hier Werkzeuge mit höherer Warmhärte und geringerer Zähigkeit eingesetzt werden. Durch die hohe Abriebfestigkeit und die hohe Schärfe, sind monokristalline Diamantwerkzeuge (MKD) dabei Referenz in Ultrapräzisionsprozessen. Grund für die hohe Schärfe ist die Monokristallinität, wodurch an MKD eine Schneidkantenverrundung von bis zu 20 nm erreicht werden kann – konventionelle Werkzeuge besitzen auf Grund ihrer Gefügekörnigkeit hingegen Schneidkantenverrundungen im Bereich einiger Mikrometer (Ertl 2003, S. 50).

Hierdurch erfordern konventionelle Werkzeuge für einen kontinuierlichen Schnitt höhere Vorschübe und Schnitttiefen, wodurch die Bearbeitungskräfte einerseits eine Werkzeugverlagerung und somit einen Formfehler induzieren und andererseits Schwingungen bedingen, die die Oberflächenqualität und die Lebensdauer des Bearbeitungswerkzeugs herabsetzen.

Abb. 3.2 Maschine für die großflächige Ultrapräzisionszerspanung

Die hohe Schärfe der Diamantwerkzeuge ermöglicht eine andere Prozessführung: in Ultrapräzisionsprozessen können auf Grund dessen Vorschübe von geringen einstelligen Mikrometerwerten pro Umdrehung und Schnitttiefen von wenigen Mikrometern realisiert werden. Dies senkt die Bearbeitungskräfte verglichen mit konventionellen Bearbeitungsprozessen in Abhängigkeit der Prozessparameter bei präzisem Schnitt in den niedrigen einstelligen Newton-Bereich und steigert somit die Form- und Oberflächengüte deutlich. Zusätzlich sind monokristalline Diamantwerkzeuge entsprechend Abb. 3.1 abriebfester als konventionelle Werkzeuge. Durch die Art der Prozessführung sinkt das Spanvolumen in Ultrapräzisionsprozessen deutlich, wodurch die Bearbeitungszeiten drastisch ansteigen.

Neben der Werkzeugtechnik, ermöglicht erst die Kombination von Werkzeug und Maschine das Erreichen optischer Oberflächen in Werkzeugformeinsätzen. Bedingt durch die geringen Spanvolumina und in Abhängigkeit der Güte der Vorbearbeitung sind Bearbeitungszeiten mehrerer Stunden oder Tage keine Seltenheit. Hierdurch ergeben sich besonders hohe Anforderungen an die Maschinentechnik als auch an die Umgebungsbedingungen.

Ultrapräzisionsmaschinen werden dazu in speziell klimatisierten Räumen betrieben, die eine Temperaturkonstanz von $\pm 0{,}1\,°C$ erreichen (vgl. Abb. 3.2). Als Kühlmittel kommen flüchtige Kohlenwasserstoffe (etwa Isoparaffine) zum Einsatz, die den thermischen Einfluss auf den Bearbeitungsprozess so gering wie möglich halten und die Späneabfuhr begünstigen.

Ausgehend von Ultrapräzisionsmaschinen mit drei Achsen, sind heute auch fünfachsige Ultrapräzisionsbearbeitungszentren erhältlich. Bei der Entwicklung von Ultrapräzisionsmaschinen stehen vor allem statische, dynamische und thermische Steifigkeit im Fokus, die konstruktiv bedingt sind. Daneben ist eine hohe Positioniergenauigkeit als zweite Anforderung unabdingbar, die maßgeblich durch die Formgenauigkeit von Maschinenkomponenten, der berührungslos beweglichen Teile und der Qualität der Messsysteme sowie der Regelung der Maschine beeinflusst wird.

Zur Bestimmung der Position werden vornehmlich interferentielle Längenmesssysteme verwendet – der Einsatz des Werkstoffes Glas oder Glaskeramik als Teilungsträger vermindert dabei thermisch induzierte Fehler durch die geringe Wärmedehnung. Aktuelle Maßstäbe ermöglichen durch die Anzahl der Teilungen eine Auflösung der Position bis auf 1 nm.

Gemein ist allen Ultrapräzisionsmaschinen ein Maschinenbett aus Naturgranit, wodurch extern stimulierte Schwingungen gedämpft und thermische Verschiebungen durch die Stabilität des Maschinenbetts weitestgehend unterdrückt werden können – die Schwingungsentkopplung kann durch aktive Lagerelemente zusätzlich gesteigert werden. Auch für weitere Maschinenkomponenten ist die Betrachtung thermischer Dehnung und der Dämpfungseigenschaften wichtig. Bei der Maschinenkonzeption ist man bestrebt, sämtliche Wärmequellen außerhalb der Maschinenstruktur zu positionieren, um das bestmögliche Bearbeitungsergebnis zu erreichen.

Durch die Nutzung luftgelagerter (aerostatischer) oder ölgelagerter (hydrostatischer) Bearbeitungsspindeln und hydrostatischer Führungen können Stick-Slip Effekte und Wärmeinduktion durch Reibung minimiert und so Positioniergenauigkeiten im Nanometerbereich und hohe Drehzahlen bei langer Lebensdauer der Komponenten erreicht werden. Um mechanische Nachgiebigkeiten und Umkehrspiele zu umgehen, werden in Ultrapräzisionsmaschinen vornehmlich Direktantriebe eingesetzt. Durch diese Art des Antriebs können sowohl in linearen als auch in Rotationsachsen Genauigkeitsverluste durch Übertragungselemente vermieden werden. Ebenso sind hohe Beschleunigungs- und Haltekräfte erzielbar (Weck und Brecher 2006, S. 514 ff.)

3.2 Diamantzerspanbare Materialien für optische Formeinsätze

Die Replikation optischer Komponenten bedeutet für Beleuchtungsanwendungen, dass Ansprüche an die Oberflächenrauheit von typischerweise Ra 35 nm und an Formgenauigkeiten unter 5 µm erfüllt werden müssen. Für abbildende Optiken

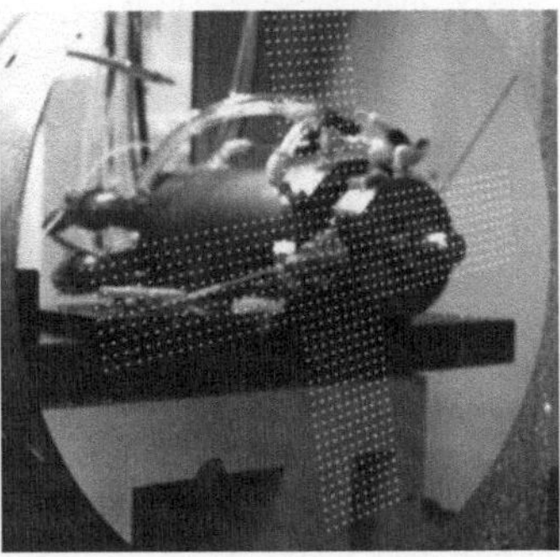

Abb. 3.3 Beispiele optischer Formeinsätze: Spiegel aus Aluminium (*links*) und Linsenarray aus Messing (*rechts*)

sind die Ansprüche mit Oberflächenrauheiten unter Ra 10 nm und Formabweichungen weit unter 1 µm meist nochmals deutlich höher. Dies bedeutet auch, dass diese Anforderungen im Material des Formeinsatzes abbildbar sein müssen.

Wie bereits im vorangegangenen Kapitel beschrieben, gelten monokristalline Diamantwerkzeuge (MKD) als schärfste Werkzeuge und ermöglichen so in Verbindung mit der ultrapräzisen Maschinentechnik hochgenaue Schnitte bei geringsten Vorschüben und Schnitttiefen im einstelligen Mikrometerbereich.

Zur erfolgreichen Abbildung der erreichbaren Präzision durch die Fertigung, eignen sich nur wenige, bestimmte Materialien. Grundsätzlich lassen sich viele Nicht-Eisenmetalle und ihre Legierungen mit MKD bearbeiten – zu den gängigsten gehören etwa Aluminium, Kupfer oder Messing sowie Kupfer-Nickel-Zink-Legierungen (sog. Neusilber). Die Einsatzgebiete der Materialien sind dabei sehr unterschiedlich: weiche Kupferlegierungen und Aluminium, die kaum mechanischen Belastungen standhalten, werden häufig als Spiegel eingesetzt – Kupfer auf Grund der hohen Wärmeleitfähigkeit besonders in Laseranwendungen (vgl. Abb. 3.3).

Kupfer-Zink-Legierungen (z. B. Messing) werden durch die im Vergleich mit Reinkupfer höheren Grundhärte und guten Bearbeitbarkeit häufig als Werkzeugformeinsatz im Bereich der Optik genutzt, wenn lediglich die Replikation weniger Kunststoffkomponenten (etwa 1000) erfolgen soll.

Das sogenannte Neusilber ist im Vergleich zu Messing nochmals deutlich standfester und korrosionsbeständiger und bietet somit Vorteile im Bereich des Kunststoffspritzgusses – die Replikation von weit über 1000 Komponenten ist dabei in der Regel möglich.

Die Bearbeitbarkeit der einzelnen Materialien ist jedoch auch stark von der einzubringenden Topographie abhängig. Kleinste Strukturen wie etwa Mikronuten

Tab. 3.1 Formeinsatzmaterialien im Vergleich

Material	Dichte [gcm^{-3}]	Härte	Wärmedehnung [K^{-1}]	Wärmeleitfähigkeit [Wm^{-1}K^{-1}]	Kristallgitter	Farbe
Kupfer (OFHC)	8,9	<95 HBW	17	390	kfz[a]	Rötlich
Messing (CuZn39Pb2)	8,5	<50 HBW	21	110	kfz[a]	Goldgelb
Aluminium (6061)	2,7	<95 HBW	25	167	kfz[a]	Silbrig weiß
Neusilber (CuNiZn)	8,5	<190 HBW	16–17	21–33	kfz[a]	Silbrig gelb
Nickel-Phosphor (11–14 %)	7,8	47 HRC	12–13	4	Amorph	Gräulich

[a] *kfz* kubisch flächenzentriert

werden durch die Kristallinität der Legierungen in der Qualität herabgesetzt. Durch die Sichtbarkeit der Korngrenzen entsteht eine unebene Grundfläche, die vornehmlich die Oberflächenrauheit herabsetzt, aber auch geometrische Fehler durch den Höhenunterschied bedingt. Diese Phänomene sind häufig an Kupfer- und damit verbundenen Legierungen (z. B. Messing) sichtbar. Während die Kristallstruktur die Fertigung beispielsweise von optischen Spiegeln verwehrt, kann auftretende Gratbildung in Aluminium an Mikronuten die Funktionalität der jeweiligen Optik herabsetzen.

Deutlich standfester als die beschriebenen Legierungen sind Nickel-Phosphor (NiP) Beschichtungen (vgl. Tab. 3.1). Diese können sowohl galvanisch als auch chemisch auf viele Materialien (zumeist Stahl) aufgebracht werden und sind mit MKD sehr gut bearbeitbar. Die Beschichtung erfolgt für stark gekrümmte Einsätze nach der Vorbearbeitung und ist im Ultrapräzisionsbereich je nach Anwendung wenige Hundert Mikrometer dick. Da die Replikationswerkzeuge im Formenbau in allen Fällen aus Stahl bestehen, wird NiP neben seinem hohen Verschleißwiderstand auch durch seinen dem Stahl ähnlichen Wärmedehnungskoeffizienten interessant und kann so ohne große Umstände für bewegliche Teile am Werkzeug eingesetzt werden. Die Nickel-Phosphor Beschichtungen sind inzwischen Stand der Technik und erlauben durch ihre Amorphität höchste Oberflächengüten mit Mittenrauwerten unterhalb von Ra 1 nm.

Stahl selbst ist auf Grund einer chemischen Affinität des Eisens (Fe) und des Kohlenstoffs (C) im MKD nicht bearbeitbar und wird nach der Vorbearbeitung meist nur poliert als Formeinsatz genutzt. Diese Art der Herstellung verwehrt

Abb. 3.4 Ultraschallsystem zur Ultrapräzisionsbearbeitung von gehärtetem Stahl

jedoch die Abbildung der Qualität aus der Ultrapräzisionstechnik und ermöglicht nicht die Einbringung von Mikrostrukturen. Neueste Ansätze erlauben jedoch auch die Bearbeitung von Stahl mit MKD, dadurch dass das Werkzeug mit einer hochfrequenten Ultraschallschwingung beaufschlagt wird – ein entsprechendes System zum ultraschallunterstützten Drehen des Fraunhofer IPT ist in Abb. 3.4 zu sehen.

Die grundsätzliche Grenze der Bearbeitbarkeit wird durch die Ultraschallschwingung aufgehoben und auch die Einbringung von Mikrostrukturen in gehärtetem Stahl ermöglicht. Durch eine bearbeitbare Härte von bis zu 60 HRC und den Wegfall der konventionellen NiP-Beschichtung, sind diese Formeinsätze nochmals standfester und durch den Wegfall der ursprünglichen NiP-Beschichtung nochmals ausfallbeständiger. Stahl ist jedoch verglichen mit den im Formenbau eingesetzten Nicht-Eisenmetallen deutlich unreiner, wodurch es hier bei der Bearbeitung schneller zu Artefakten an Werkzeugformeinsätzen kommen kann, die eine Nachbearbeitung erfordern (Paul et al. 1996, S. 4–19; Peng et al. 2012, S. 67–72).

3.3 Ultrapräzisionsprozesse für die Formeinsatzherstellung

Grundsätzlich sind Diamantwerkzeuge in Abhängigkeit der spezifischen Fertigungsaufgabe und des Prozesses zu wählen. Zu den am häufigsten eingesetzten Prozessen zählen die Drehbearbeitung, das Fräsen und das Fly-Cutting.

Für die Drehbearbeitung eignen sich vor allem Komponenten, die rotationssymmetrisch sind und kaum Unwucht bezogen auf die Rotationsachse besitzen. Die Aufnahme der Komponenten erfolgt hier meist durch Vakuumspannsysteme. Dieses Verfahren ermöglicht es, sphärische, asphärische oder für das Drehen üblicherweise eingesetzte Komponenten zu bearbeiten. Durch die sogenannte Slow-

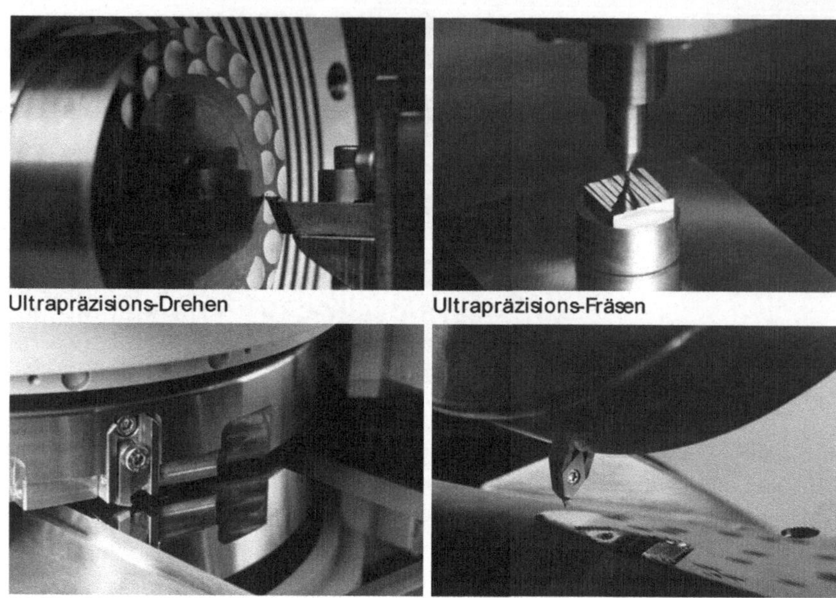

Abb. 3.5 Beispiele für häufig angewandte Ultrapräzisionsprozesse

Tool- und Fast-Tool-Bearbeitung ist es jedoch auch möglich, nicht-rotationssymmetrische Komponenten wie etwa Facettenspiegel, Linsenarrays oder Freiformflächen durch die Drehbearbeitung herzustellen – vgl. Abb. 3.5, oben links. Durch die vergleichsweise einfache Einrichtung des Drehprozesses, wird dieser wenn möglich primär eingesetzt.

Die Fräsbearbeitung mit Diamantwerkzeugen eignet sich für im Drehprozess nicht abbildbare Konturen und stark konkave Geometrien (etwa LED-Vorsatzoptiken), die durch Drehwerkzeuge nicht zugänglich sind. Durch das auf der Rotationsachse angebrachte Fräswerkzeug, können Linsenarrays besonders effizient, ähnlich einem Bohrprozess, abgebildet werden.

Das Fly-Cutting eignet sich für Komponenten mit ebenen Oberflächen aber auch Mikrostrukturen. Das Werkzeug befindet sich bei diesem Prozess außerhalb der Rotationsachse einer Bearbeitungsspindel. Steht die Rotationsachse der Bearbeitungsspindel senkrecht zur zu bearbeiteten Fläche, eignet sich dieser Prozess (Abb. 3.5, unten links) besonders zur Herstellung ebener Flächen. Konturen können über dieses Verfahren nicht abgebildet werden, lediglich verschieden hohe zueinander liegende ebene Flächen. Wird die Bearbeitungsspindel so angestellt, dass

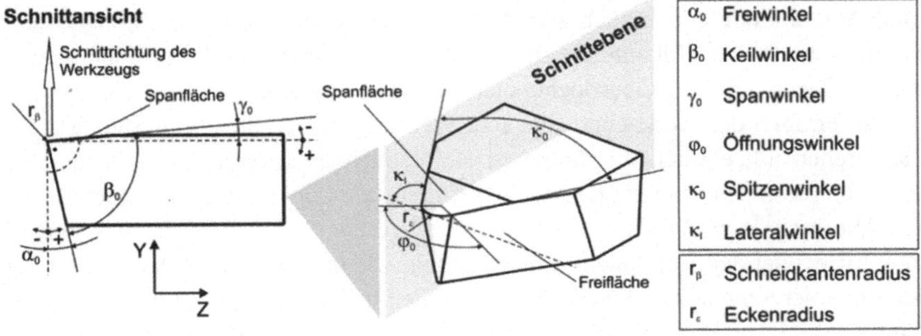

Abb. 3.6 Geometrie des Diamantwerkzeugs

die Rotationsachse parallel zur bearbeiteten Fläche liegt, können lineare Strukturen mit der Kontur des Bearbeitungswerkzeuges (z. B. Radien oder V-Nuten mit verschiedenen Öffnungswinkeln) eingebracht werden. Diese Prozessführung wird vor allem im Bereich der Bearbeitung großflächiger optischer Komponenten angewendet (z. B. pyramidale Entblendungsstrukturen). Die in Abb. 3.2 gezeigte Maschine wurde am Fraunhofer IPT entwickelt und ermöglicht die Bearbeitung einer maximalen Fläche von 1,0 m x 1,6 m. Sie vereint somit kleinste Strukturen mit einer in der Ultrapräzisionstechnik unüblich großen Fläche. Neben der Optik, profitieren auch fluidische und aerodynamische Strukturen von diesem Prozess.

Um eine erfolgreiche Bearbeitung zu gewährleisten, muss das Diamantwerkzeug entsprechend der Fertigungsaufgabe ausgewählt werden – im Folgenden soll dies exemplarisch für ein Drehwerkzeug entsprechend Abb. 3.6 veranschaulicht werden. Ausgehend von einem ideal scharfen Werkzeug, sind vor allem der Öffnungswinkel und der Freiwinkel von Interesse. Untenstehende Abb. 3.7 zeigt die Geometrieverletzung, die bei Bearbeitung einer konkaven Form durch Wahl eines falschen Öffnungs- und Freiwinkels entstehen würde. Während ein falscher Öffnungswinkel in den meisten Fällen durch zu hohe Belastung zum Ausbruch des Werkzeugs führt, wirkt ein falscher Freiwinkel vornehmlich auf die Oberflächen-

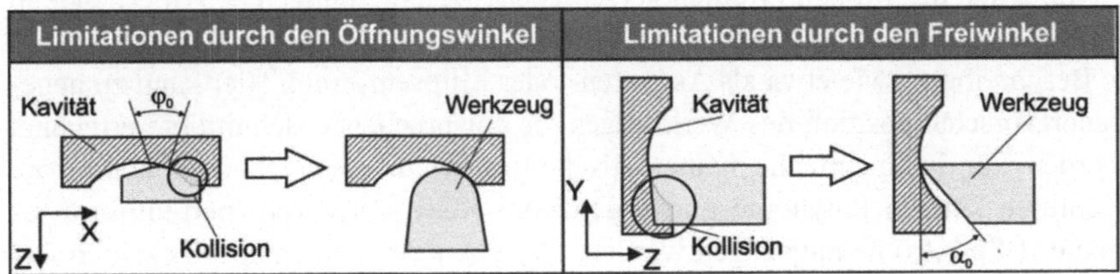

Abb. 3.7 Geometrieverletzung durch Wahl eines ungeeigneten Bearbeitungswerkzeuges

qualität und kann jedoch auch zum Werkzeugdefekt führen. Dadurch, dass nicht nur die scharfe Schneidkante die zu bearbeitende Geometrie berührt, sondern auch die Freifläche, wird die Oberflächenqualität hierdurch stark herabgesetzt.

Die Formen der Werkzeuge sind sehr vielfältig und reichen vom Standard für das Drehen mit einfachem Radius zu Halbradiuswerkzeugen oder solchen, die etwa für Fresnelstrukturen spezifische Öffnungswinkel besitzen und spitz zulaufen. Die Freiwinkel üblicher Diamantwerkzeuge liegen in der Regel zwischen 5° und 20°, wobei der Freiwinkel immer so klein wie möglich zu wählen ist, um die Stabilität der Schneidkante zu erhöhen. Für die Strukturierung im Bereich des Fly-Cuttings sind weitere Werkzeuge erhältlich, die auf Kundenanfrage als Negativ der zu fertigenden Struktur hergestellt werden können. Im Bereich des Fräsens sind sowohl torische Schaftfräser, als auch Kugelfräser erhältlich. Um die Präzision der Ultrapräzisionstechnik auch in diesem Verfahren abbilden zu können, sind Fräswerkzeuge lediglich einschneidig, da mehrere Schneiden nicht in der geforderten Präzision zueinander ausgerichtet werden könnten. Neueste Ansätze am Fraunhofer IPT ermöglichen das Fly-Cutting mit mehreren Werkzeugen zur Erhöhung der Geometrievielfalt im Bereich des Strukturierens – so können Schneidwerkzeuge zur Erzeugung neuer Strukturkonturen kombiniert werden, die als Einzelwerkzeug nicht hergestellt werden können.

3.4 Programmbeschreibung komplexer Oberflächen

Während die Programmierung für das Fly-Cutting immer manuell im G-Code durchgeführt wird, stellt die manuelle Programmierung im Bereich des Ultrapräzisions-Drehens und -Fräsens eine Seltenheit dar. Für das Fräsen können übliche CAM Programme eingesetzt werden, um die Bahnplanung anhand der spezifischen Fertigungsaufgabe umzusetzen.

Im Bereich des Drehens existiert eine solch umfassende, automatisierte Lösung allerdings nicht. Häufig wird hier auf eigenentwickelte Lösungen der einzelnen Fertiger zurückgegriffen, die komplexe Oberflächen beschreiben können. Je nach Komplexität des Modells werden verschiedene Beschreibungen der Oberfläche in Betracht gezogen. Im einfachsten Fall handelt es sich um eine mathematisch exakte Beschreibung, wie etwa als Asphären- oder Ellipsenformel. Hier kann zu gegebener Vorschubposition des Werkzeuges die entsprechende Schnitttiefe errechnet werden. Für durch einfache mathematische Beschreibungen nicht mehr abbildbare Konturen können Polynome und sogenannte NURBS-Kurven (non-uniform rational B-Splines) herangezogen werden. Diese Art der mathematisch exakten Beschreibung kann Polynome mit über 100.000 Parametern berücksichtigen. Für unstetige Flächen oder virtuell generierte Modelle liegt meist ein CAD-Modell vor, aus dem das Fertigungsprogramm generiert werden kann.

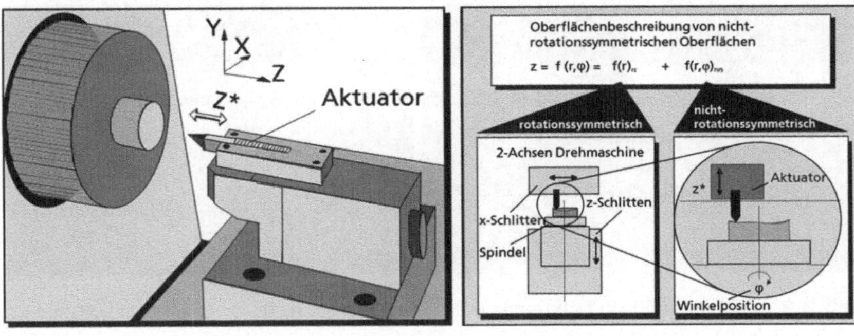

Abb. 3.8 Schema der Bearbeitung nicht-rotationssymmetrischer Oberflächen durch Drehen

Die Herangehensweise zur Beschreibung dieser nicht-rotationssymmetrischen Oberflächen erfolgt durch das Zugrunde legen einer Punktewolke, die im dreidimensionalen Raum beschreibbar sein muss.

Für das Fräsen wird eine XYZ-Punktewolke generiert, während für das Drehen durch die Rotation des Bauteils eine CXZ-Wolke generiert wird, wobei C den Drehwinkel des Bauteils um die Z-Achse beschreibt (vgl. Abb. 3.8). Durch die Synchronisation der Bauteildrehung mit der Zustellbewegung des Werkzeuges, kann diese dynamisch im Prozess geändert werden (Slow-Tool und Fast-Tool Bearbeitung). Linsenarrays und Freiformoberflächen können so auch im Drehprozess hergestellt werden.

3.5 Walzenbearbeitung

Die Walzenbearbeitung rückt durch die Verbreitung großflächiger Lichtleiter und der Displaytechnologie immer stärker in den Fokus der Produktion. Die in der Rolle-zu-Rolle Replikation verwendeten Walzen ermöglichen eine effiziente und schnelle Replikation kleinster Strukturen für optische und lichttechnische Anwendungen in kontinuierlichen Replikationsverfahren und stellen somit eine attraktive Alternative gegenüber den sequentiellen Prägeverfahren dar.

Die generelle Herangehensweise an die Fertigung einer Walze ist vergleichbar mit der eines konventionellen Drehprozesses. Durch die Größe und das Gewicht der Walze stellt das Handling einer solchen bereits eine erste Hürde dar und bedarf der Unterstützung eines Kranes. Walzen mit einer Länge bis etwa 300 mm und einem Durchmesser von 200 mm können noch auf Ultrapräzisions-Drehmaschinen ohne Reitstock gefertigt werden – vgl. Abb. 3.9 links.

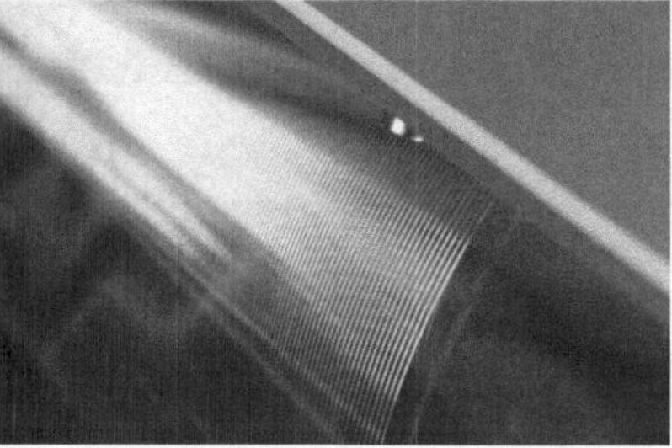

Abb. 3.9 Walze mit optisch funktionalen Strukturen in der Rolle-zu-Rolle Replikation

Für viele lichttechnische und optische Anwendungen sind die Anforderungen an die funktionale Breite jedoch höher. Für die Walzenbearbeitung ausgelegte Maschinen können Walzen mit Durchmessern bis etwa 500 mm und einer Länge von bis zu 2,0 m aufnehmen. Für diese Art der Bearbeitung werden die Walzenkörper zweiseitig gelagert. Um die Unwucht der Walzen bei Drehzahlen von bis zu 500 U/min gering zu halten, müssen diese in zwei Ebenen auf die Rotationsachse ausgerichtet und ausgewuchtet werden. Die drastische Minimierung der bauteilinduzierten Schwingungen ist nötig, um eine hohe Standzeit des Diamantwerkzeuges zu garantieren. NiP Schichten finden sowohl in der Kunststoffreplikation auf Grund ihrer hohen Standzeit als auch für die Beschichtung von Walzen häufig Anwendung. Durch die Beschichtung von Walzen mit NiP ergibt sich im unterbrochenen Schnitt allerdings ein erhöhter Werkzeugverschleiß. Verglichen mit einem rotationssymmetrischen Bauteil mit einem Durchmesser von 100 mm im konventionellen Drehen, besitzt eine Walze mit 250 mm Durchmesser und einer Länge von 1 m eine 100-fach größere Oberfläche. Durch die relativ hohe Härte dieser Beschichtung verschleißt das Diamantwerkzeug, wenn auch nur minimal, zu stark, als dass eine durchgehend optische Oberfläche auf der gesamten Walzenoberfläche erzeugt werden könnte. Um die bestmögliche Qualität zu erzielen wird hier häufig auf galvanische Kupferschichten zurückgegriffen. Diese sind feinstkristallin und erlauben höchste Oberflächengüten bei geringstem Werkzeugverschleiß und somit die Bearbeitung optischer Oberflächen auf Walzen.

Bedingt durch die eingesetzten Werkzeuge und die Restriktion der Drehzahlbeschränkung gegenüber dem konventionellen Drehen ergeben sich in der Walzenfertigung schnell mehrtägige Bearbeitungszeiten. Hochqualitative Walzen können somit nur durch optimale Umgebungs- (Klimatisierung, Schwingungsdämpfung etc.) und Prozessbedingungen (Prozessparameter, Maschinengenauigkeit etc.) hergestellt werden.

4 Replikation von Kunststoffoptiken im Spritzgießverfahren

Mit dem zunehmenden Einsatz optischer Kunststoffbauteile sind auch die Anforderungen an einen prozesssicheren und zugleich effizienten sowie kostengünstigen Herstellungsprozess zur Massenherstellung gestiegen. Das Spritzgießen von Beleuchtungsoptiken ermöglicht die Fertigung in einem Verarbeitungsschritt, wobei hohe Stückzahlen bei gleichbleibender Qualität realisiert werden können. Zu beachten ist, dass im Vergleich zum konventionellen Spritzgießen einfacher Kunststoffbauteile zur Herstellung von hochpräzisen Kunststoffoptiken ein großes fachliches und technologisches Know-how in der Werkzeug- und Verfahrenstechnik erforderlich ist. Komplexe, freigeformte Optik-Geometrien, zum Teil überlagert mit kleinsten Mikrostrukturen, stellen sehr hohe Anforderungen an die Formhaltigkeit und Präzision des Bauteils. Dabei besteht die Funktionalität von Freiformflächen darin, das Licht im Kunststoff definiert zu leiten, und an den Grenzflächen umzulenken.

In Folge resultieren dickwandige Produkte und Bauteile mit großen Wanddickenunterschieden. Für den Spritzgießprozess bedeutet dies wiederum vergleichsweise lange Zykluszeiten. Damit die resultierende Teilegeometrie der berechneten Sollgeometrie entspricht, müssen Schwindungseffekte bereits beim Bauteildesign detailliert berücksichtigt werden. Zudem bedingen große Wanddicken und Wanddickenunterschiede bei Kunststoffoptiken den Einsatz von speziellen Verfahrensvarianten, wie dem Spritzprägen und Mehrschichtspritzgießen. Dabei kommt es insbesondere darauf an Eigenspannungen in den Kunststoffoptiken gering und möglichst homogen verteilt zu realisieren, so dass Doppelbrechungseffekte vermieden werden.

Neue Erkenntnisse und Innovationen im optischen Design führen häufig zur nicht fertigungsgerechten Auslegung von optischen Kunststoffbauteilen. Der Aufbau einer gemeinsamen Wissensbasis und Begriffsdefinition über die Gestaltungsmöglichkeiten in der Herstellung von optischen Systemen für LED-Beleuchtungen

C. Brecher et al., *Kunststoffkomponenten für LED-Beleuchtungsanwendungen*, essentials, DOI 10.1007/978-3-658-12250-8_4

ist daher Gegenstand aktueller Untersuchungen. Für eine reibungslose Zusammenarbeit zwischen Optikentwicklern, Optikproduzenten und Materialherstellern nimmt dieser Aspekt eine immer gewichtigere Rolle ein (Bäumer 2005, S. 24; BMBF 2001).

Folglich sind optische Artikel für Spritzgießverarbeiter eine große Herausforderung, die jedoch bei Überwindung bzw. Beherrschung ebendieser Herausforderungen zu einem Wettbewerbsvorteil des Unternehmens führen können. Neben der präzisen Fertigung der optischen Formeinsätze ist beim Spritzgießen von qualitativ hochwertigen Kunststoffoptiken eine Vielzahl weiterer Einflussgrößen von Bedeutung, vgl. Abb. 4.1.

Das Optikdesign und die Auslegung individuell angepasster optischer Systeme stellt die Grundlage für einen fertigungsgerechten Herstellungsprozess dar und erfordert daher eine hohe Kompetenz. Im Vordergrund stehen hierbei die Beschreibung der optisch aktiven Funktionsflächen mit Hilfe geeigneter Berechnungsmethoden sowie die Auswahl der zu verwendenden transparenten Kunststoffmaterialien hinsichtlich Brechungsindex, Dispersionseigenschaften sowie Reflexions- und Transmissionsgrade, vgl. Tab. 4.1. Bereits in dieser Phase der Prozesskette müssen die Zielsetzungen und Rahmenbedingungen des optischen Systems möglichst umfassend und präzise festgelegt werden. Eine wesentliche Rolle spielt hierbei die frühzeitige Abstimmung zwischen der vom Optikdesigner gewünschten optischen Funktion des Systems und den nachgelagerten Prozessschritten. Hierbei sind insbesondere Rahmenbedingungen und Einflussfaktoren wie z. B. verfügbarer Bauraum, thermische Aspekte, Kosten- und Zeitrahmen aber auch durch den Spritzgießprozess bedingte Vorgaben bzw. Restriktionen zu beachten. Folglich sind in

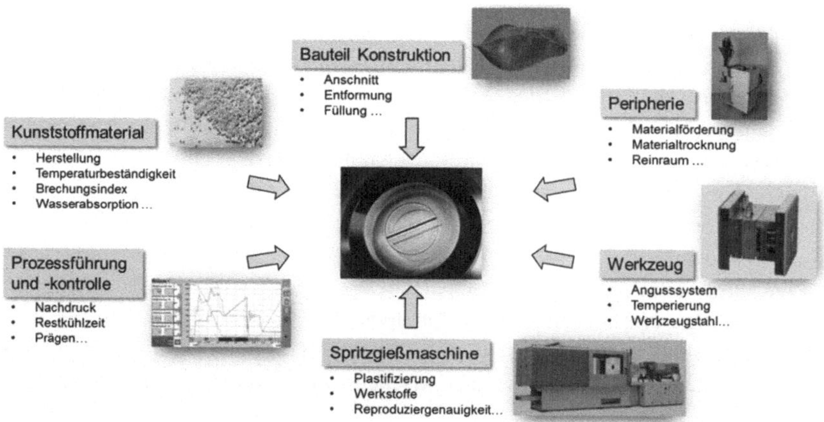

Abb. 4.1 Einflussgrößen beim Spritzgießen von Kunststoffoptiken

Tab. 4.1 Eigenschaften von Kunststoffmaterialien für den optischen Spritzguss

	PMMA	PC	COC	COP
Brechungsindex n	1,49	1,59	1,54	1,53
Abbe Zahl (Dispersion)	57	34	58	56
Transmissionsgrad	92,5 % (>100 mm)	89 % (2 mm)	92 % (2 mm)	92 % (2 mm)
Glasübergangstemperatur T_G (°C)	106	147	138	136
Dichte (g/cm³)	1,19	1,2	1,03	1,01
Wasserabsorption (%)	0,3	0,2	<0,01	<0,01

dieser Phase der Optik-Auslegung die erkennbaren Schnittstellen zum Werkzeug- und Formenbau sowie zur Prozesstechnik bereits zu beachten und die technische Umsetzung des Vorhabens zu prüfen.

In der Ausarbeitung des CAD-Bauteilmodells kommt es vor allem auf eine fertigungsgerechte Konstruktion der Kunststoffoptik an. Die hierbei gegebene Möglichkeit der Funktionsintegration bei Verwendung von optischen Kunststoffbauteilen eröffnet neue Anwendungspotentiale und ermöglicht gleichzeitig effektive Prozessabläufe. So können beispielsweise Funktionselemente zur Montage monolithisch in das Kunststoffbauteil integriert werden, was für viele Anwendungen in der LED-Beleuchtungsindustrie von großer Relevanz ist. Der Einsatz einer Spritzgießsimulationssoftware unterstützt bei der korrekten Auslegung und Positionierung des Angusssystems, dem Überprüfen des Füllverhaltens sowie bei der Bestimmung und Umsetzung des Entformungsvorgangs.

4.1 Maschinen- und Peripherietechnik

Die ganzheitliche Betrachtung der Fertigungskette und der damit verbundenen Anlagentechnik stellt einen elementaren Schritt zur Herstellung qualitativ hochwertiger Kunststoffoptiken dar. Ausgehend vom eigentlichen Spritzgießprozess ist auch die Beherrschung der vorherigen Materialkonditionierung sowie nachfolgender Prozessschritte wie Entnahme, Handling und weiterer Folgeprozesse für die erfolgreiche Umsetzung von optischen Technologien in Kunststoff entscheidend. Dies umfasst zum Beispiel auch Beschichtungs,- Montage- oder Verpackungsschritte.

Nicht nur Konturfehler (Flächengenauigkeit, Welligkeit, Rauheit) wirken sich auf die optische Funktion aus, sondern insbesondere auch innere Eigenschaften wie Transmission und Lichtbrechung der gespritzten Kunststoffoptik. Transparente Kunststoffbauteile enthalten folglich quasi intrinsisch die Funktion zum Prüfen der Qualität. Kleinste Bauteilfehler wie Stippen, Schlieren oder Fließlinien sind als Fehler erkennbar und bedeuten bei optischen Bauteilen sofortigen Ausschuss (Gotzmann 2012, S. 2). Eine konstant reine Produktionsumgebung stellt daher eine Mindestanforderung dar. Die Prüfung solcher Defekte in Kunststoffoptiken kann mit Hilfe der Dunkelfeldbeleuchtung durchgeführt werden. Hierbei wird Licht in das Bauteil eingekoppelt und an den Defektstellen abgelenkt. Anschließend wird das an Fehlstellen und Verunreinigungen umgelenkte Licht mit Hilfe einer Kamera gemessen.

Die auf dem Markt speziell entwickelten optischen Kunststoffe verfügen zwar bereits über besondere Reinheits- und Staubfreiheitsgrade, jedoch kommt es auch hierbei zu unterschiedlichen Produktionschargen. Weiterhin erfolgt die innerbetriebliche Materialversorgung bei Spritzgießunternehmen oftmals dezentral aus Lagersilos. Folglich sind die Transportwege über Rohrleitungen lang und unübersichtlich. Dabei kann eine staubdichte Ausführung des Materialfördersystems sowie ein abriebfreier Transport des Kunststoffgranulats nicht immer gewährleistet werden (Schneider 2005, S. 116). Kleinste Granulatpartikel oder Staubanteile verbrennen somit beim Plastifizieren des Kunststoffgranulats schneller oder schmelzen erst gar nicht auf. Dies führt zu ausgasungsbedingten Schlieren, abgelagerten Verunreinigungen und schwarzen Hot Spots in den Kunststoffoptiken. In der Praxis werden daher zunehmend mobile Granulat-Entstaubungssysteme eingesetzt. Diese können ohne großen Aufwand direkt an der Maschine positioniert bzw. oberhalb des Granulat-Einfülltrichters montiert werden. Oftmals sind hierbei auch Trocknungseinheiten integriert, die zur Reduzierung der Restfeuchtigkeit des Granulats und somit zur Vermeidung von Schlieren im Bauteil beitragen. Die Trocknungszeit ist materialspezifisch zu wählen und sollte sich an den Richtwerten des Materialherstellers orientieren. Eine Überbeanspruchung des Granulats durch zu lange Trocknungszeiten sollte vermieden werden.

Abhängig von den Anforderungen an die Kunststoffoptik kommen auch Produktionsumgebungen aus der Reinraumtechnik zum Einsatz (vgl. Abb. 4.2). So kann beispielsweise der Einsatz einer Reinraum-Flowbox über der Maschinenschließeinheit zur Vermeidung von Kontamination im Kavitätsbereich beitragen oder die feste Verlegung maschinenseitiger Schlauchleitungen Luftverwirbelungen verringern. Der Einsatz eines produktspezifischen Greifersystems erfolgt in der Regel über maschinenintegrierte Robot-Systeme. Idealerweise werden die Kunststoffoptiken dabei über Vakuumgreifer produktschonend aus der Werkzeugkavität entnommen und auf ein Förderband abgelegt oder an Folgeprozesse weitergereicht. Um eine Schmutz anziehende statische Aufladung und somit eine Verunreinigung der hergestellten Kunststoffoptiken mit Umgebungsstaub vorzubeugen, können Ionisierungssysteme eingesetzt werden. Diese werden zumeist in der nachgelagerten

Abb. 4.2 Förderbandablage und Reinraumsystem mit FlowBox-System (Photo: Arburg)

Kühlstrecke integriert, bei der die spritzgegossenen Kunststoffoptiken auf Raumtemperatur abkühlen können. Aufgrund der auch in der Beleuchtungsindustrie immer komplexeren Leuchtsysteme besteht zudem eine steigende Forderung nach automatisierten Montageprozessen, dies beinhaltet auch eine automatisierte Angussabtrennung. Eine direkte Anbindung an den Handling-Prozess des Spritzgießprozesses erfordert somit eine software- und steuerungssynchrone Abstimmung der Maschinen und Peripheriegeräte.

Beim eigentlichen Aufbau der Spritzgießmaschinen ist für die Herstellung optischer Bauteile vor allem eine reproduzierbare Maschinentechnik erforderlich. Unterscheiden lässt sich hierbei insbesondere die verwendete Antriebsart für die Schließeinheit der Spritzgießmaschine. Vollhydraulische Maschinen ermöglichen hierbei einen Prägehub über den nahezu gesamten Verfahrweg der Schließeinheit, während elektrisch angetriebene Kniehebel-Maschinen eine sehr genaue Positionierung und Wiederholgenauigkeit der Schließeinheit realisieren können. Ist der Einsatz des Spritzprägeverfahrens notwendig, so sind maschinenseitig ggf. zusätzliche hydraulische Kleinspeicheraggregate sowie Kernzüge vorzusehen. Dies beinhaltet auch die flexible Programmierung und Ansteuerung der jeweils notwendigen Maschinenfunktionen und integrierten (Werkzeug-)Sensoren. Ein wesentliches Augenmerk bei der Auslegung einer Spritzgießmaschine für optische Kunststoffprodukte muss auf einem reproduzierbaren Plastifizier- und Einspritzvorgang liegen. Geringste Unterschiede im aufgeschmolzenen bzw. eingespritzten Massevolumen beeinflussen ansonsten die parameterabhängigen Scher- und Abkühleffekte der Kunststoffschmelze und damit die resultierenden Qualitätsmerkmale wie z. B. die Bauteilschwindung. Die Plastifiziereinheiten können dazu produktspezifisch angepasst werden. Ausgelegt werden diese anhand der spezifischen Merkmale: erwartetes Schussgewicht, verwendetes Kunststoffmaterial, geplante Zykluszeit und Einspritzdrücke. Nach (Walther und Müller 2009, S. 75) sollte das Schussgewicht idealerweise zwischen 20 und 80 % des maximalen Ausstoßes der gewählten Schnecke liegen. Grundsätzlich ist darauf zu achten, dass die vom Rohstoffhersteller vorgegebenen Werte hinsichtlich der Umfangsgeschwindigkeit, des Staudrucks und vor allem der Verweilzeit nicht überschritten werden, da ansonsten eine Degradierung des Materials nicht ausgeschlossen werden kann. Mögliche Auswirkungen sind eine thermische Oxidation und eine daraus resultierende Vergilbung des Materials mit nicht akzeptablen Qualitätseinbußen der Kunststoffoptik. Einige Maschinenhersteller bieten spezielle Plastifiziereinheiten an, bei denen das Zylindermodul, die Schnecke und die integrierte Rückstromsperre als hochverschleißfeste Ausführung vorgesehen sind. Insbesondere für den Werkstoff Polycarbonat, der beim Abkühlen der Schmelze zu sehr starkem Verkleben und Belagbildung im Zylinder neigt, eignet sich eine Hartstoffbeschichtung aus Chromnitrid. Damit kann das Ablösen von Carbonrückständen in der Plastifiziereinheit und schließlich die Entstehung von schwarzen Punkten (Black Spots) in der gespritzten Kunststoffoptik reduziert bzw. verhindert werden.

Die eigentliche Bauform und -größe der Maschine wird wie üblich im Spritzgießprozess von den geometrischen Abmessungen des Spritzgießbauteils und den gewünschten Prozessfunktionen des eigentlichen Spritzgießwerkzeugs definiert. In Abhängigkeit der Anzahl an Werkzeugkavitäten (4-fach-, 8-fach-Werkzeug usw.) ergibt sich zum einen die benötigte Schließkraft und zum anderen die durch die Werkzeuggröße bestimmte Aufspannflächengröße der Maschine. Überschlägig kann die erforderliche Zuhaltekraft der Maschine über den im Werkzeug maximal auftretenden Forminnendruck und der projizierten Formnestoberfläche aller Kavitäten und Schmelzkanäle errechnet werden (Menges et al. 2007, S. 66):

$$F_{\max} = A_{proj.} \times p_{Wkz,\max} \leq F_{Zuhaltekraft\ Maschine} \tag{3.1}$$

4.2 Werkzeugtechnik

Die Abstimmung von Formteileinsatz, dem Spritzgießwerkzeug und der Maschine ist von großer Bedeutung für das Herstellungsergebnis optischer Produkte bei gleichzeitig effizienter Prozessführung. Das eigentliche Spritzgießwerkzeug nimmt hierbei eine besondere Stellung ein, ist es doch fast immer ein Unikat. Nur durch eine sorgfältige Planung und Konstruktion sowie höchster Fertigungspräzision können sie im Dauereinsatz unter hoher mechanischer und thermischer

Belastung optische Formteile mit Produkttoleranzen im Bereich weniger Mikrometer reproduzierbar herstellen. Die Steifigkeit eines Werkzeugs bestimmt dabei sowohl die Qualität der Formteile als auch die Funktionssicherheit des Werkzeugs. Zulässig sind bei Spritzgießwerkzeugen somit nur elastische Verformungen, die so gering wie möglich gehalten werden müssen, um Maßabweichungen der Formteile oder ein evtl. Überspritzen mit Gratbildung zu verhindern.

Hinsichtlich optischer Produkte spielt vor allem auch die Sauberkeit eines Spritzgießwerkzeuges im Prozess eine große Rolle. Grundsätzlich wird beim Aufbau der einzelnen Formplatten des Werkzeuges zumeist auf korrosionsbeständige Werkzeugstähle mit vergleichsweise hohem Chromanteil zurückgegriffen. Beispielhaft sei hier der vergütete Stahl 1.2085 mit 16% Chrom und hoher Festigkeit genannt. Unnötige Oberflächen, Absätze und Vorrichtungen am Werkzeug, auf denen sich Verunreinigungen sammeln können, sind zu vermeiden. Die am Werkzeug angeschlossenen Temperierschläuche und die oftmals verwendeten Sensorikzuleitungen sollten beim Bewegungsablauf des Werkzeugs im Prozess nicht lose mitgeführt werden, sondern nach Möglichkeit über Schnittstellen an der beweglichen Maschinenaufspannplatte fest verlegt werden. Die im Bereich der Lebensmittel- und Medizintechnik bereits häufig eingesetzten Entformungs- und Führungselemente mit DLC-Beschichtung (engl.: diamond-like carbon) werden zusehends auch im Werkzeugbau für optische Kunststoffbauteile eingesetzt. Somit ist eine Produktion ohne öl- oder fetthaltige Schmierung möglich. Gleichzeitig liegen gute Gleiteigenschaften und hoher Korrosionsschutz vor. Eine Verunreinigung der optischen Formeinsätze während des Prozesses kann somit maßgeblich vermieden werden.

Hinsichtlich der Maßhaltigkeit der optischen Formbauteile spielt aufgrund des transmissiven Charakters der Optik die Zentrierung und Verkippung der beiden optischen Flächen zueinander eine bedeutende Rolle (vgl. Abschn. 6.3). Entsprechend werden die Toleranzen sehr eng gehalten. Beispielhaft sei hierzu die Zentrierung der Lichteintritts- und Lichtaustrittsfläche einer LED-Vorsatzoptik aufgeführt. Folglich ist bei der konstruktiven Integration des Formeinsatzes im Spritzgießwerkzeug eine sorgfältige Abstimmung notwendig.

Ein symmetrischer Aufbau des Werkzeugs mit gleichmäßig verteilten Kavitäten und Angusssystemen ist eine Grundvoraussetzung, damit ein gleichmäßiger Füllvorgang vorliegt. Die auftretenden Prozesskräfte können somit homogen auf das Spritzgießwerkzeug wirken und ein Verkippen bzw. einseitiges Aufrücken des Werkzeugs kann verhindert werden. Ist eine Zentrierung der eigentlichen optischen Formeinsätze zueinander nicht schon vorgesehen, so kann über Normalien eine Vorzentrierung im Bereich 0,03–0,05 mm oder eine Fein- bzw. Endzentrierung im Bereich 0,002–0,012 mm im Werkzeug eingesetzt werden. Dabei kommen für gewöhnlich Kegel-, Trapez- oder Flachzentrierungen zum Einsatz.

Bei den üblicherweise verwendeten amorphen Thermoplasten sind für eine einfache und saubere Entformung der gespritzten optischen Bauteile in Abhängigkeit des verwendeten Materials Entformungsschrägen von 1,5° bis 3,0° vorzusehen. Bei strukturierten Optiken sollte zusätzlich mindestens 1° je 0,025 mm Strukturtiefe hinzugenommen werden. Die vermehrt eingesetzten Silikonwerkstoffe (LSR), wie sie insbesondere für chipnahe LED-Anwendungen genutzt werden, benötigen in der Regel aufgrund des elastischen Werkstoffverhaltens keine oder nur sehr geringe Entformungsschrägen. Wie bei allen Kunststoffprodukten ist zusätzlich für eine gute Entlüftung des Spritzgießwerkzeuges zu sorgen, so dass keine Verbrennung des eingespritzten Kunststoffes (Diesel-Effekt) auftreten kann.

Der klassische Spritzgießprozess kommt bei dickwandigen Kunststoffoptiken zunehmend an seine Grenzen, da eine Schwindungskompensation des Formteils nur über sehr lange Nachdruckzeiten und somit lange Zykluszeiten realisiert werden kann. Zum Einsatz kommt daher verstärkt das Sonderverfahren des Spritzprägens. Für das Spritzgießwerkzeug bedeutet dies jedoch eine erhöhte Komplexität, da die Integration von beweglichen Schiebern und Hydraulikzylindern im Werkzeugaufbau vorgesehen werden muss. Insbesondere ist bei der Einpassung der diamantgedrehten und z. T. beschichteten Formeinsätze höchste Sorgfalt zu berücksichtigen, um eine Beschädigung der empfindlichen Oberflächen bei der Relativbewegung im Prägevorgang zu vermeiden. Gleichzeitig darf die Toleranz zwischen Werkzeugformplatte und dem Formeinsatz nicht zu groß gewählt werden, da ansonsten Gratbildung am optischen Bauteil nicht ausgeschlossen werden kann.

Eine besondere Bedeutung kommt der Werkzeugtemperierung zu. Die Prozesseffizienz und schließlich die Wirtschaftlichkeit eines Spritzgießwerkzeugs ist entscheidend von der Geschwindigkeit abhängig, mit welcher der Wärmetransport zwischen der eingespritzten Kunststoffformasse und der Werkzeugwand erfolgt. Hierbei kommt es vor allem auf eine homogene Werkzeugwandtemperatur an, damit dem eingespritzten Kunststoff gleichmäßig Wärme bis zum Entformungszeitpunkt abgeführt wird. Dies gilt umso mehr bei Werkzeugen für optische Bauteile, als dass sich bei diesen bereits kleinste Unregelmäßigkeiten in Schlieren, Mattigkeit oder Formteilverzug äußern und somit zum Ausschuss führen. Um die Zykluszeit gering zu halten, ist daher eine formteilgerechte Anordnung und Dimensionierung der Kühlkanäle unabdingbar. Im Idealfall wird sogar eine konturfolgende Temperierung vorgesehen. Zur Qualitätssicherung kann eine Durchflussmessung beitragen. Ist darüber hinaus eine aktive variotherme Temperierung vorgesehen, können spezielle Heißelemente (z. B. Hochleistungskeramiken) eingesetzt werden. Grundsätzlich sind für die Serienproduktion im Spritzgießwerkzeug Sensoren vorzusehen, die neben der Werkzeugtemperatur auch den Forminnendruck überprüfen und somit eine kontinuierliche Prozessüberwachung ermöglichen.

4.3 Prozesstechnik

Ausgehend vom konventionellen Spritzgießprozess, bei dem die die Werkzeugkavität über die Spritzgießeinheit mit Kunststoffformmasse befüllt und diese anschließend über Nachdruck verdichtet wird, lassen sich Kunststoffoptiken mit geringen Toleranzansprüchen zunächst mit Hilfe vergleichsweise einfacher Werkzeugtechnik und Prozessführung realisieren. Vor allem im Bereich dickwandiger optischer Elemente ist hierbei auf eine ausreichende Dimensionierung des Angusssystems zu achten, da eine Schwindungskompensation nur mit Hilfe nachgedrückter Schmelze über die Plastifiziereinheit erfolgen kann. Gleichzeitig sind die Möglichkeiten der Schwindungskompensation über diese Vorgehensweise des konventionellen Spritzgießens jedoch eingeschränkt.

So ist der Anguss bzw. Anschnitt in seiner Größe nur begrenzt erweiterbar, womit eine zur dickwandigen Optik vergleichsweise frühe Erstarrung eintreten kann. Ist der Siegelzeitpunkt überschritten, kann keine weitere Volumenkontraktion der dickwandigen Optik über den Nachdruck der Plastifiziereinheit ausgeglichen werden. Zudem erzeugen die vom Anguss ausgehend ungleichmäßigen Werkzeuginnendrücke während des Prozesses eine inhomogene Spannungsverteilung in der Optik, die insbesondere die optische Funktion aufgrund des Doppelbrechungseffektes beeinträchtigen kann. Handelt es sich bei den herzustellenden optischen Formteilen hingegen um größere flächige Bauteile, ist insbesondere darauf zu achten, dass aufgrund der vorliegenden Prozesskräfte ein Aufdrücken des Werkzeugs und ein Überspritzen des Bauteils vermieden werden muss. Aufgrund der oftmals vorliegenden großen Wandstärken-Fließweg-Verhältnisse erfolgt das Einspritzen der Formmasse in die Werkzeugkavität unter hohem Druck, womit die notwendigen Schließkräfte der Maschine ausreichend groß zu dimensionieren sind.

Für das konventionelle Spritzgießen kann festgehalten werden, dass dieses den steigenden Anforderungen an Formhaltigkeit und optischer Leistungsfähigkeit der Kunststoffoptiken nicht immer gerecht wird. Aufgrund seiner sehr guten Anpassungsfähigkeit stellt das Spritzgießen mit seinen Verfahrensvarianten dennoch eine nahezu alternativlose Technologie zur Herstellung von optischen Kunststoffelementen in großen Stückzahlen dar. Eingesetzt werden folglich verstärkt Sonderverfahren wie das Spritzprägen und das Mehrschichtspritzgießen.

Dickwandige komplexe Freiformoptiken, wie sie beispielsweise zur Realisierung einer gezielten Beleuchtungsintensitätsverteilung bei LED-Straßenleuchten eingesetzt werden, bieten aufgrund geringer Angussquerschnitte oftmals nur die Möglichkeit einer begrenzten Nachdruckwirkung. Zudem ergeben sich durch die am Bauteil vorliegenden hohen Wandstärken unwirtschaftlich lange Zykluszeiten im Spritzgießprozess, die für eine kosteneffiziente Fertigung und somit signifikante

Marktdurchdringung der LED-Beleuchtungstechnik hinderlich sind. Vor diesem Hintergrund bietet sich das Spritzprägeverfahren als alternativer Ansatz an.

Die Prozessvariante des Spritzprägens ist im Gegensatz zum Spritzgießen ein zweistufiger Prozess. Die zwei zu unterscheidenden Prozessschritte Einspritzen und Prägen können hierbei sequenziell oder simultan ablaufen. Es werden bewegliche Komponenten im Spritzgießwerkzeug eingesetzt, mit denen es möglich ist, vollflächig oder auf Teilflächen des Formteils Nachdruck aufzubringen. Der sich dadurch gleichmäßig aufbauende Schließdruck sorgt für eine Verteilung der Kunststoffformmasse sowie vollständige Ausformung des Formteils. Da in der Regel zu Beginn des Prägevorgangs das Spritzgießwerkzeug um einen Prägespalt geöffnet ist, wird das endgültige Kavitätsvolumen erst zum Schluss des Prägevorgangs erreicht. Folglich können durch exakte Ermittlung und Einstellung des Prägespaltes die für eine Schwindungskompensation notwendige zusätzliche Formmasse in die vergrößerte Kavität eingespritzt werden. Ein Schmelzerückfluss in das Angusssystem bzw. die Plastifiziereinheit während der Prägephase kann durch kavitätsnahen Verschluss mit im Werkzeug integrierten Schieberelementen verhindert werden.

Unterschieden werden kann beim Spritzprägen zwischen dem sogenannten Haupt- und Nebenachsenprägen. Wie in Abb. 4.3 zu erkennen, können beim Hauptachsenprägen Spritzgießwerkzeuge mit Tauchkanten oder vorgespannten Prägerahmen zum Einsatz kommen. Hierbei erfolgt die Abdichtung der Kavitäten bereits von Beginn des Prägevorgangs an, so dass bei korrekter Prozessführung ein Überspritzen des Bauteils während des Schließ-bzw. Prägevorgangs ausgeschlossen werden kann. Die eigentliche Prägebewegung wird dabei über die Hauptachsen der Maschine, das heißt über die Schließeinheit der Maschine realisiert.

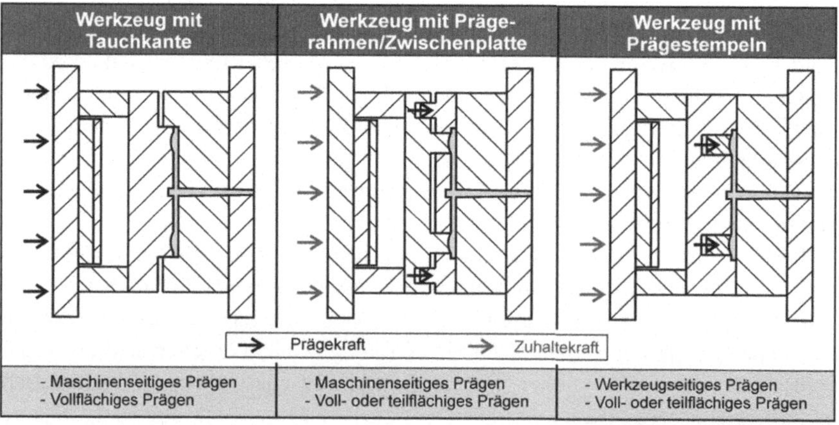

Abb. 4.3 Allgemein eingesetzte Werkzeugkonzepte zum Spritzprägen

Eine weitere Prozessvariante ist das Mehrschichtspritzgießen von Kunststoffoptiken mit hohen Wandstärken. Dabei wird die Optik in mehreren einzelnen Schichten gespritzt. Das heißt, in einem ersten Schritt wird zunächst der Kern der Optik gespritzt und dieser anschließend in eine zweite, leicht vergrößerte Kavität gesetzt. Hier erfolgt ein erstes Überspritzen des Kerns mit einer dünnen weiteren Kunststoffschicht. Dieser Schritt wird dann je nach Aufbau der Optik mehrmals wiederholt, bis die Endkontur erreicht wurde. Zu beachten ist, dass jede Kavität hierbei Formeinsätze mit optischer Oberflächengüte aufweisen muss. Ansonsten ist der zwiebelförmige Aufbau der Optik nicht ohne erkennbare Übergangsbereiche zwischen den einzelnen Schichten realisierbar. Ziel des mehrschichtigen Spritzgießens von Optiken ist es, insbesondere eine Zykluszeitreduzierung bei dickwandigen Produkten zu erreichen. Die Kühlzeit und somit die Zykluszeit einer Kunststoffoptik steigt mit der Wandstärke quadratisch an. Daher kann durch das Mehrschichtspritzgießen von einzelnen dünnen Schichten in Summe die Gesamtzykluszeit für das Produkt im Vergleich zum Spritzprägen oder konventionellen Spritzgießen deutlich gesenkt werden.

Bei allen genannten Spritzgießvarianten sind wie im klassischen Spritzgießprozess die optimalen Parameter hinsichtlich Schussvolumen, Einspritzdruck, Einspritzgeschwindigkeit und Werkzeugtemperatur zu ermitteln. Dabei können bereits oftmals über die Variation der Parameter auftretende Problematiken wie bspw. Bindenähte, Fließlinien, Einfallstellen oder aber auch zu lange Verweilzeiten der Schmelze in der Plastifiziereinheit vermieden, mindestens aber verringert werden.

Herstellung von Flächenlichtleitern 5

Flächige Beleuchtungen sind an vielen Stellen des täglichen Lebens von großer Bedeutung. Die Anwendungen reichen von der Raumbeleuchtung über Dekorations- und Werbebeleuchtung bis hin zur Beleuchtung elektronischer Komponenten im Bereich der Unterhaltungselektronik. Konventionelle Flächenleuchten werden mit Hilfe von durchstrahlten Mattscheiben aufgebaut. Dazu werden Leuchtstoffröhren hinter einer Mattscheibe angeordnet. Licht, welches auf die Mattscheibe auftritt wird gestreut. Dabei breitet sich ein Teil des Lichts in der Mattscheibe aus und tritt an anderen Stellen der Mattscheibe als diffus gestreutes Licht wieder aus. Somit werden die Konturen der Lichtquelle abgeschwächt. Mattscheiben sind mit verschiedenen lichtstreuenden Wirkungen erhältlich. Je stärker die lichtstreuende Wirkung ist, desto größer werden die Verluste, die sich aus der Umwandlung von Lichtenergie in Wärmeenergie ergeben. Ein guter Ausgleich von Hell-Dunkel-Unterschieden steht demnach einer schlechten Energieeffizienz des optischen Systems gegenüber. Zusätzlich erfordert eine derartige Flächenleuchte einen großen Platzbedarf. Für viele Anwendungen ist allerdings ein sehr flacher Aufbau gewünscht.

Ein verbesserter Ansatz zur Erzeugung von flächigen Lichtquellen mittels strukturierter Lichtleiter wurde in der Vergangenheit zunächst insbesondere für mobile Applikationen entwickelt. Strukturierte, flächige Lichtleiter (LGP, englisch für light guide plate) sind Optiken, die der Transformation von punkt- oder linienförmigem Licht in flächiges Licht dienen. Dazu wird der Effekt der Totalreflexion (TIR, englisch total internal reflection) genutzt. Beim Übergang eines Lichtstrahls von einem optisch dichten Medium (n_2) zu einem optisch dünneren Medium (n_1) wird der Lichtstrahl gemäß dem Snelliusschen Brechungsgesetz gebrochen. Ist der Einfallswinkel zwischen Oberflächennormale und dem auftretenden Lichtstrahl jedoch größer als der so genannte kritische Winkel α_c, tritt der Strahl nicht in das optisch dünnere Medium über, sondern wird an der Grenzfläche reflektiert. Der

C. Brecher et al., *Kunststoffkomponenten für LED-Beleuchtungsanwendungen*, essentials, DOI 10.1007/978-3-658-12250-8_5

kritische Winkel α_c ergibt sich dabei aus den Brechungsindizes n_i der transparenten Medien:

$$\alpha_c = \arcsin\left(\frac{n_1}{n_1}\right) \tag{5.1}$$

Abbildung 5.1 veranschaulicht den Strahlenverlauf und die entsprechenden Winkel aus Gl. 5.1.

Basierend auf dem Prinzip der TIR tritt ein Lichtstrahl, der in einen transparenten Lichtleiter eingekoppelt wird, aus diesem nicht aus, solange der Winkel zwischen Lichtstrahl und der Grenzoberfläche kleiner als der Grenzwinkel ist. Für praktische Anwendungen dienen Fasern, Stäbe und Platten als Lichtleiter. Neben Glas werden verschiedene transparente Kunststoffe für den Aufbau von Lichtleitern verwendet. Polymethylmethacrylat (PMMA) ist aufgrund seiner guten Transmission und seines Brechungsindexes das am weitest verbreitetste Lichtleitermaterial. In Spezialanwendungen kommen auch Polycarbonat (PC), Cyclo-Olefin-Copolymere (COC) oder andere transparente Polymere zum Einsatz.

Für den Aufbau einer flächigen Beleuchtungsoptik lassen sich plattenförmige Lichtleiter verwenden. Diese werden mit Licht durchströmt, wobei die Totalreflexion gezielt lokal unterbunden wird, sodass Licht an definierten Stellen aus dem Lichtleiter austritt. Für die Unterbindung der Totalreflexion sind verschiedene Mechanismen bekannt. Um eine gleichmäßige Auskopplung über die Fläche des Lichtleiters zu realisieren, muss der Abstand zwischen den Auskoppelelementen über der Fläche des Lichtleiters variiert werden.

Als Hintergrundbeleuchtung für Flachbildschirme haben sich in den vergangenen Jahren bedruckte Lichtleiter etabliert (vgl. Abb. 5.2). Dabei wird ein Punktmuster auf die Rückseite des Lichtleiters aufgedruckt. Typische Lacke enthalten SiO_2, Al_2O_3 oder TiO_2. An den Stellen, an denen Licht auf die Punkte trifft, wird das Licht diffus gestreut und nicht intern reflektiert. Somit trifft ein gewisser Teil

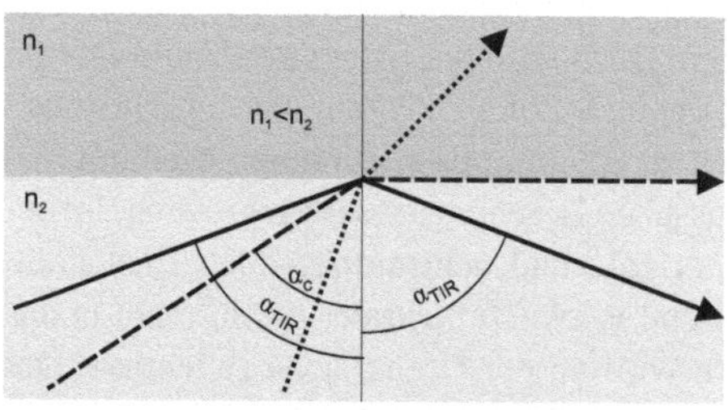

Abb. 5.1 Prinzip der Totalreflexion

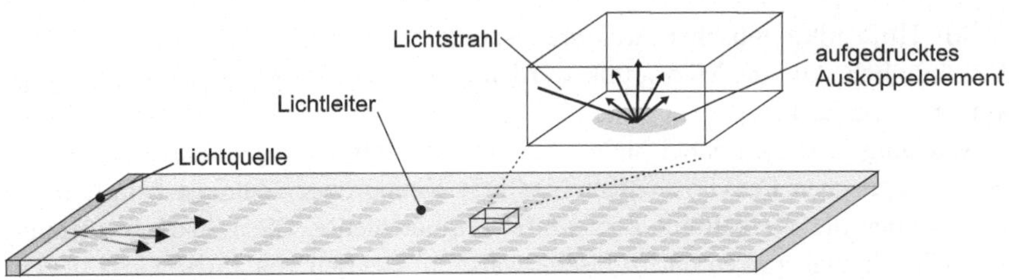

Abb. 5.2 Lichtleiter mit aufgedruckten Auskoppelelementen

des Lichts, das durch die Partikel abgelenkt wird, unter einem kleineren Winkel, als dem Grenzwinkel auf die Grenzfläche zwischen Lichtleiter und Luft. Demzufolge tritt das Licht aus dem Lichtleiter aus. Nachteilig an der Anordnung ist, dass die Auskoppeleffizienz der Lichtleiter verhältnismäßig schlecht ist. Prinzipbedingt tritt ein großer Teil des Lichts am Ende des Lichtleiters wieder aus und steht als Leuchtkraft auf der Fläche nicht zur Verfügung. Zusätzlich sind die gedruckten Punkte verhältnismäßig groß, sodass eine Streuscheibe für eine gleichmäßige Verteilung des Lichts auch in dieser Bauweise unabdingbar ist. Der größte Vorteil gedruckter Lichtleiter liegt in der kostengünstigen Herstellung.

Neben gedruckten Lichtleitern, werden vermehrt auch laserstrukturierte Lichtleiter verwendet. Die Auskoppeleffizienz ist im Vergleich zu gedruckten Lichtleitern höher. Da die Strukturen jedoch relativ rau sind und somit ebenfalls nur eine lichtstreuende Wirkung besitzen, ist auch bei dieser Fertigungsvariante nur eine beschränkte Effizienz zu erreichen. Ähnliche Ergebnisse lassen sich mit gezielt angerauter Oberfläche erzielen, wobei die Oberfläche über Sandstrahlprozesse gezielt aufgeraut wird. Der Grad der Rauheit wird entsprechend über die Auskoppelfläche variiert.

Eine weitere Möglichkeit der Lichtauskopplung aus einem Lichtleiter lässt sich über das Einbringen von Partikeln in den transparenten Kunststoff erzielen. Die Lichtstreuung der Partikel bewirkt eine zufällige Richtungsänderung des Lichts. Daher tritt eine bestimmte Lichtmenge in Abhängigkeit der Partikeldichte aus dem Lichtleiter aus. Material für derartige Lichtleiter sind als fertiges Plattenmaterial sowie als Granulat für die Weiterverarbeitung im Spritzgussprozess verfügbar. Prinzipbedingt ist wahlweise die Lichtausbeute oder die Gleichmäßigkeit der Auskoppelintensität schlecht, da die Anzahl der Partikel in Ausbreitungsrichtung des Lichts konstant ist, während die im Lichtleiter verbleibende Lichtenergie abnimmt. Daher hat die Technologie für Beleuchtungsanwendungen, bei denen sowohl eine hohe Effizienz als auch eine gleichmäßige Lichtverteilung gefordert ist, nur eine untergeordnete Bedeutung. Während die genannten Varianten der Lichtauskopplung das Licht nur ungerichtet aus dem Lichtleiter auskoppeln, kann über komplexe Mikrostrukturen eine gezielte Lichtlenkung erreicht werden.

Mit Hilfe mikrooptischer Strukturen ist eine effiziente gerichtete Lichtauskopplung möglich. An eine Mikrooptik werden dabei hohe Ansprüche an Formhaltigkeit und Oberflächenqualität gestellt. Eine allgemeingültige Toleranz für die Formabweichung lässt sich dabei nicht festlegen. Je nach Mikrogeometrie resultieren aus der optischen Funktion unterschiedliche Kenngrößen. Zumeist betreffen die Kenngrößen die Winkeltreue bestimmter Formelemente. Die Winkelabweichung für Beleuchtungsoptiken darf typischerweise im Bereich von einem Grad liegen. Für die Bestimmung der maximalen Oberflächenrauheit wird in der Regel der Mittenrauwert Ra verwendet. Für die meisten mikrooptischen Anwendungen muss der Mittenrauheitswert unterhalb von 20 nm Ra liegen.

Abbildung 5.3 zeigt mikrooptische Elemente, die zur Lichtauskopplung genutzt werden können. Von den gezeigten Elementen werden für große Lichtleiter hauptsächlich V-Nut-Strukturen eingesetzt. Diese werden durch die direkte Zerspanung hergestellt. Für einen wirtschaftlichen Fertigungsprozess stellte YOO ein Maschinensystem zum Hobeln von V-Nut-Strukturen vor. Die Besonderheit des Verfahrens liegt darin, dass eine Vielzahl V-förmiger Werkzeuge gleichzeitig in eine Vorrichtung eingespannt wird. Somit lassen sich bis zu 60 Nuten beim einmaligen Überfahren des Werkstücks herstellen, sodass nur eine Hubbewegung ausgeführt werden muss, um einen Lichtleiter zu strukturieren (Hahn 2015).

Die Strukturabmessungen der einzelnen Nuten sind allerdings verhältnismäßig groß. Typischerweise hat eine einzelne Nut eine Tiefe von 100–300 µm. Dadurch ergeben sich helle Streifen auf dem Lichtleiter, die über Streufolien abgeschwächt werden müssen. Außerdem lässt sich die Auskoppelintensität nur in einer Dimension variieren. Helligkeitsspitzen, die sich in geringem Abstand zu der Lichtquelle sowie im Randbereich ergeben, können nicht vollständig ausgeglichen werden.

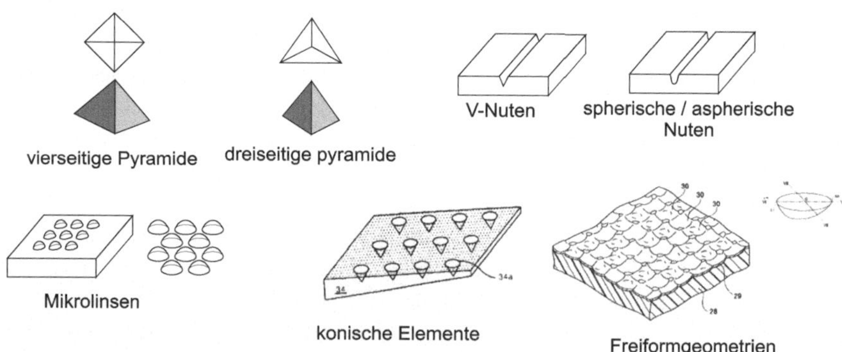

Abb. 5.3 Mikro-optische Elemente für die Lichtauskopplung

Komplexere Mikrogeometrien, wie sie in Abb. 5.3 gezeigt sind, lassen sich durch direkte Zerspanung nicht wirtschaftlich herstellen. Daher kommen für die Fertigung verschiedene Replikationsverfahren zum Einsatz. Formwerkzeuge für Mikrolinsenarrays mit eingeschränkter geometrischer Freiheit lassen sich im Reflow-Verfahren herstellen. Alle anderen komplexen Strukturen lassen sich über Diamantzerspanungsprozesse auf kleinen Flächen fertigen. Für die Strukturierung großflächiger Lichtleiter existieren dagegen keine geeigneten Fertigungsmöglichkeiten. Insbesondere können Auskoppelstrukturen nicht flexibel auf großen Flächen positioniert werden.

5.1 Optisches Design von Flächenlichtleitern

Durch eine Variation der Mikrostrukturdichte, also der Größe oder Anzahl von Strukturen in einem bestimmten Flächenelement, kann die Lichtmenge, die aus diesem Flächenelement auf der Lichtleiteroberseite austritt, variiert werden. Gleichzeitig ist die Lichtmenge, die an einer bestimmten Stelle durch eine Mikrostruktur ausgekoppelt wird proportional zu der an dieser Stelle im Lichtleiter enthaltenen Lichtmenge. Die Menge des Lichts im Lichtleiter nimmt somit zwangsläufig über die Lauflänge des Lichtleiters ab, wenn kontinuierlich in jedem Flächenelement Licht ausgekoppelt wird. Ein Lichtleiter, auf dessen Oberseite an jedem Flächenelement die gleiche Lichtmenge austritt, muss daher einen Gradient der Strukturdichte aufweisen. Die Definition der Strukturdichte pro Flächenelement ist somit der Kernpunkt einer Lichtleiterauslegung.

Für Lichtleiter, bei denen über eine lange Kante Licht eingespeist wird und bei denen die einzelnen Lichtquellen (typischerweise LEDs) mit geringem Abstand zueinander positioniert sind, kann das Auslegungsproblem in guter Näherung zu einem eindimensionalen Problem reduziert werden. Für die Berechnung der Strukturdichte bei einer einseitigen Einkopplung von Licht wurden dazu in der Vergangenheit analytische Ansätze vorgestellt.

Die Homogenität der Lichtauskopplung wird jedoch durch Reflexionen am Lichtleiterrand negativ beeinflusst, die durch die vorgestellten analytischen Methoden nicht berücksichtigt werden. Zudem beschränkt sich die Auslegungsmethodik auf Lichtleiter, bei denen einseitig Licht eingekoppelt wird. Lichtleiter mit höchster Homogenität der Ausleuchtung über die Fläche bedürfen numerischer Simulationsmodelle, um geeignete Strukturmuster festlegen zu können.

Für die Simulation optischer Systeme wird Strahlverfolgungssoftware verwendet. Derartige Software nutzt Methoden zur Berechnung eines Strahlenverlaufs im Raum. Dabei werden verschiedene physikalische Effekte wie Lichtbrechung, Reflexion oder Streuung in ihrer Wirkung auf einzelne Strahlen berücksichtigt. Die

Ausbreitung des Lichts einer reellen Lichtquelle wird durch die Kombination vieler Einzelstrahlen modelliert. Durch die Berechnung der Verläufe vieler einzelner Strahlen kann das Verhalten komplexer optischer Systeme simuliert werden. Die Charakteristik von räumlich abstrahlenden Lichtquellen wird über eine statistische Verteilung von Einzelstrahlen nachgebildet (Velzel 2013, S. 14).

Zunächst werden die geometrischen Vorgaben des optischen Systems erfasst. Dazu werden alle Systemkomponenten aus dem dreidimensionalen Modell in einer Strahlverfolgungssoftware definiert. Für die Oberfläche der LEDs wird das Abstrahlverhalten festgelegt. Virtuell werden nun Strahlen ausgehend von der LED Oberfläche ausgesendet. Richtung und Anzahl der Strahlen entsprichen dem vom LED Hersteller definierten Abstrahlverhalten. Die einzelnen Strahlen treffen nun auf die Grenzfläche des Lichtleiters und werden gebrochen, gestreut oder reflektiert. Je nach optischem System werden für zuverlässige Simulationen einige Hunderttausend bis zu mehreren hundert Millionen Strahlen benötigt (Optical Associates 2014).

Mit Hilfe der Strahlverfolgungssimulation kann somit eine Aussage zum optischen Verhalten eines Lichtleiters getroffen werden. Ein homogener Lichteindruck eines Lichtleiters bedeutet, dass die Leuchtdichte aus der Betrachtungsrichtung an allen Stellen des Lichtleiters einen ähnlichen Wert hat. Die Leuchtdichte L ist ein Maß für den Lichtstrom ϕ der von einem Flächenelement A einer leuchtenden Fläche in einem bestimmten Raumwinkel Ω abgestrahlt wird. Der Lichtstrom wird dabei in Lumen (lm) festgelegt. Die Einheit Lumen ist eine mit der Empfindlichkeit des Auges gewichtete Einheit. Somit entspricht die Leuchtdichte direkt der menschlichen Wahrnehmung der Helligkeit einer leuchtenden oder reflektierenden Fläche. Mathematisch kann die Leuchtdichte wie folgt ausgedrückt werden:

$$L = \frac{d^2\phi}{dA \cdot d\Omega \cdot \cos\varepsilon} \tag{5.2}$$

Für die Bestimmung der Leuchtdichte über eine Strahlverfolgungssimulation bedeutet dies, dass nur die Strahlen, die in einem stark eingeschränkten Winkelbereich aus dem Lichtleiter austreten, für die Leuchtdichte betrachtet werden können. Es ist möglich, über entsprechende Filter die Winkelbereiche des austretenden Lichtes einzuschränken. Allerdings steigt dadurch der Simulationsaufwand deutlich an, da nur ein Bruchteil der Strahlen, die simuliert werden, in dem kleinen Winkelbereich detektiert wird.

Aus diesem Grund bietet es sich an, statt der Leuchtdichte die spezifische Lichtausstrahlung eines Lichtleiters für die Bestimmung der Homogenität zu verwenden. Die spezifische Lichtausstrahlung M kennzeichnet den gesamten Lichtstrom, der aus einem Flächenelement dA strahlt:

$$M = \frac{d\phi}{dA} \tag{5.3}$$

Die Abstrahlungsrichtung wird durch die spezifische Lichtausstrahlung nicht berücksichtigt. Somit entspricht die spezifische Lichtausstrahlung nicht direkt dem Erscheinungsbild, welches durch das menschliche Auge wahrgenommen werden kann. Wird jedoch nur ein Typ von Mikrostrukturen auf einem Lichtleiter verwendet, ist die räumliche Aufteilung der Strahlen weitgehend konstant über der gesamten Lichtleiterfläche. Somit ist auch das Verhältnis zwischen spezifischer Lichtausstrahlung und Leuchtdichte über den Lichtleiter konstant. In diesem Fall kann die ortsaufgelöste spezifische Lichtausstrahlung als Maß für die Homogenität der Leuchtdichte angenommen werden.

Über eine iterative Optimierung des Strukturmusters lässt sich ein geeignetes Muster ermitteln, welches den Anforderungen an Effizienz und Homogenität gerecht wird.

5.2 Fertigung mikrostrukturierter Flächenlichtleiter

Unter den Herstellungsprozessen strukturierter Lichtleiter kann zwischen der direkten Fertigung, und der replikativen Fertigung unterschieden werden. Im Falle der direkten Fertigung werden in ein plattenförmiges Halbzeug, in der Regel gegossenes oder extrudiertes PMMA, oberflächlich Strukturen eingebracht. Ein weit verbreitetes Verfahren hierzu ist die Laserstrukturierung von Flächenlichtleitern mit Hilfe von CO_2-Lasern. CO_2-Laser eignen sich zur schnellen Mikrostrukturierung von Bauteilen. So werden mikrostrukturierte Lichtleiter auch in der Massenproduktion mittels Laserstrukturierung hergestellt. Aufgrund der großen Wellenlänge lassen sich minimale Strukturauflösungen im Bereich von 80–100 µm erreichen. PMMA besitzt in dem Wellenlängenbereich von CO_2-Lasern von ca. 10,6 µm eine hohe Absorption, wodurch eine effiziente Bearbeitung möglich ist (Brecher 2014).

Das Werkstück wird in der Regel mit gepulstem Laserstrahl bearbeitet. Der Werkstoff wird durch die hohen Strahlenergien sublimiert, wodurch ein paraboloidförmiger Abtrag der Werkstoffoberfläche entsteht. Ist die Laserintensität ausreichend hoch, erfolgt ein Materialübergang vom festen in den gasförmigen Zustand. Das Material wird schließlich durch den Gasdruck des sublimierten Materials ausgetrieben (Klocke und Klotz 2007, S. 263 ff.). Anders als bei den Abtragvorgängen von Kurzpulslasern ergibt sich bei der Bearbeitung mit CO_2-Lasern eine relativ große Temperatureinflusszone. Insbesondere für die Bearbeitung von PMMA ist diese aber gewünscht, da sich durch die Erwärmung des nicht sublimierten Materials Glättungseffekte ergeben, die eine optisch glatte Oberfläche der Strukturen ermöglichen (Teng und Kuo 2012).

Komplexe optische Mikrostrukturen lassen sich mit hohem Durchsatz nicht mit Hilfe von Laserstrukturierungsprozessen herstellen. Über Replikationsprozesse gefertigte Lichtleiter, so zum Beispiel spritzgegossene Lichtleiter, können dahingegen mit komplexen Strukturen versehen werden, da aus ökonomischer Sicht aufwändigere Verfahren für die Werkzeugherstellung genutzt werden können. Übliche Verfahren für die Werkzeugherstellung sind Mikrozerspanungsprozesse, Lithographische Prozesse, Strahlabtragsprozesse und Mikro-Funkenerosion.

Unter dem Begriff der lithographischen Strukturierung sind Verfahren zusammengefasst, bei denen Strukturen auf ein Substrat mit Hilfe unterschiedlicher Bestrahlungsmethoden übertragen werden. Dazu wird auf das Substrat ein strahlungsempfindlicher Lack, der sogenannte Resist, aufgebracht. Mit Hilfe von Masken oder durch die gezielte Lenkung eines fokussierten Strahls wird die strahlungsempfindliche Beschichtung selektiv belichtet. Im Anschluss an die Belichtung lässt sich, je nach Art des verwendeten Verfahrens, die belichtete (Positiv-Resist) oder unbelichtete Beschichtung (Negativ-Resist) entfernen. Zurück bleibt der strukturierte Lack. Je nach gewünschter Strukturtiefe bildet entweder der strukturierte Lack die Reliefstruktur, oder die Strukturen des Resists werden auf das Substrat übertragen. Im zweiten Fall schützt die strukturierte Resist-Schicht partiell die darunterliegenden Bereiche des Substrats. So kann zum Beispiel durch Ätzverfahren die Substratstruktur selektiv entfernt werden.

Mit herkömmlichen lithographischen Verfahren lassen sich vornehmlich binäre Strukturen herstellen. Mit binären Strukturen werden Strukturen bezeichnet, die hinsichtlich der lateralen Ausdehnung in feiner Abstufung variiert werden, hinsichtlich ihrer Höhe jedoch nur zwei Werte annehmen können. Für eine Vielzahl von Anwendungen, insbesondere für optische Funktionen, werden jedoch auch Höhenabstufungen benötigt. Dieser Bedarf hat in den letzten Jahren zu einer verstärkten Weiterentwicklung des Prozesses der so genannten Greyscale-Lithographie (Greyscale: engl. für Graustufen, hier: Intensitätsabstufung). Gegenüber herkömmlichen lithographischen Verfahren ermöglicht diese Prozessvariante die abgestufte Herstellung dreidimensionaler Strukturen. Dazu wird die Strahlenenergie bei der Belichtung eines Positiv-Resits so kontrolliert, dass eine selektive Auflösung mit kontrollierter Schichtdickenvariation ermöglicht wird. Die Anpassung der Energiedichte bei der Belichtung kann mit Hilfe einer Maske mit variabler Strahldurchlässigkeit oder maskenlos durch eine gezielte Regelung der Strahlintensität geschehen. Auf diese Weise lassen sich beispielsweise Nutenstrukturen mit variablen Winkeln herstellen.

Durch das so genannte Reflow-Verfahren, bei dem der Resist nach der Strukturierung erhitzt wird, lassen sich Abstufungen von Strukturen, die mit der Greyscale-Methode hergestellt wurden, abschwächen. Scharfkantige Strukturen gehen dagegen verloren. Darüber hinaus lassen sich durch gezielte Abstimmung des Kontaktwinkels zwischen Resist und Substrat sowie durch eine genaue Zeit- und Temperaturführung auch Mikrolinsen fertigen.

Die Gruppe der strahlabtragenden Verfahren hat in den letzten Jahren zunehmend an Bedeutung gewonnen. Insbesondere wurden in der Lasertechnologie deutliche Fortschritte durch die Optimierung von Strahlquellen erreicht. Strukturen mit lateralen Auflösungen im Bereich von wenigen Mikrometern und vertikalen Auflösungen von 100 nm lassen sich in unterschiedlichsten Materialen durch Ultra-Kurzpuls-Laser (UKP Laser) herstellen. Der lokale Energieeintrag mittels Laserstrahl führt zur schlagartigen Sublimation des Grundmaterials. Mit Hilfe von vielen Pulsen lassen sich somit komplexe Geometrien erzeugen. Für optische Anwendungen ergeben sich die größten Nachteile aus der verhältnismäßig rauen Oberfläche mit Mittenrauheitswerten im Bereich von 0,5 µm Ra der laserstrukturierten Komponenten sowie der Verrundung von Kanten. Scharfkantige Strukturen lassen sich mit diesem Verfahren nur bedingt herstellen. Kantenradien von wenigen Nanometern, wie Sie durch lithographische Verfahren und durch UP-Zerspanung hergestellt werden können, lassen sich durch Laserabtragprozesse nicht erreichen (Glinser et al. 2010).

Um den Anforderungen einer flexiblen Variation der Anzahl von Strukturelementen pro Flächeneinheit nachkommen zu können, wurden darüber hinaus einige Sonderverfahren vorgestellt. So wurde am Fraunhofer IPT ein Maschinensystem zum mehrschrittigen Mikroheißprägen aufgebaut. Das Maschinensystem ermöglicht es, einzelne Strukturen, die der Lichtauskopplung dienen, auf ein großes Mastersubstrat zu übertragen. Somit können einzelne optische Mikrostrukturen gezielt auf einem Master eines Flächenlichtleiters rekombiniert werden.

Das Maschinensystem ist dazu in der Lage, einzelne Strukturen so aneinander zu setzen, dass das thermoplastische Substrat nach der Strukturierung als eine Funktionseinheit betrachtet werden kann. Dazu müssen die Werkzeuge so in das thermoplastische Substrat geprägt werden, dass sich lediglich die optisch funktionalen Strukturen in das Substrat übertragen, ohne dass Defekte an den Übergängen zwischen zwei Werkzeugpositionen entstehen. Abbildung 5.4 verdeutlicht die Funktionsweise des mehrschrittigen Heißprägens. Abbildung 5.5 zeigt das Maschinensystem, welches in Kooperation zwischen der Fa. Eitzenberger Luftlagertechnik GmbH, der Fa. JFA Präzisionswerke GmbH & Co. KG sowie dem Fraunhofer IPT aufgebaut wurde.

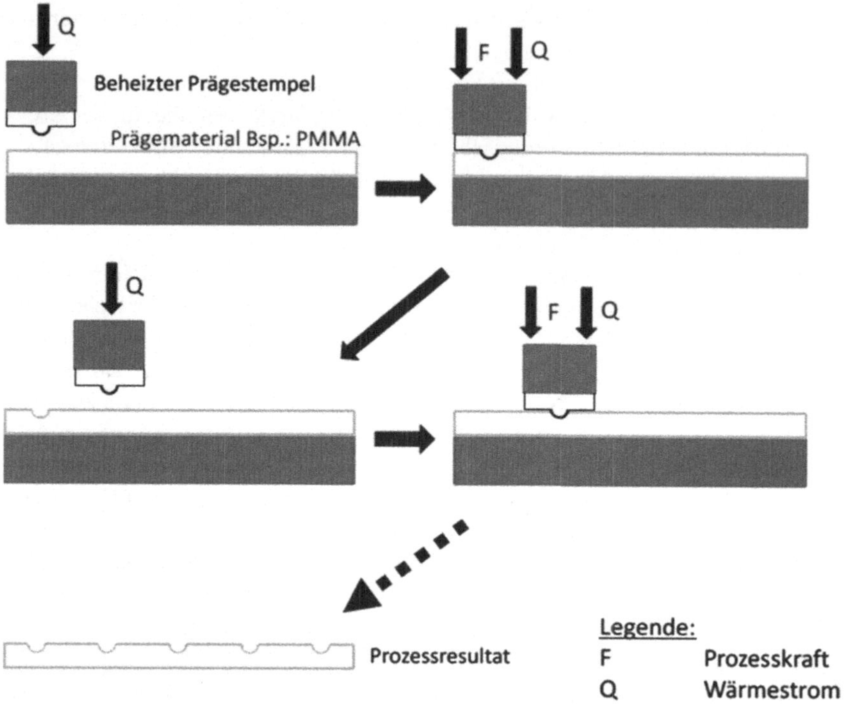

Q
Beheizter Prägestempel
Prägematerial Bsp.: PMMA
F
Q
Q
F
Q
Prozessresultat
Legende:
F Prozesskraft
Q Wärmestrom

Abb. 5.4 Funktionsweise des mehrschrittigen Heißprägeprozesses

Prägeachse
Messsystem
Mikroskopachse

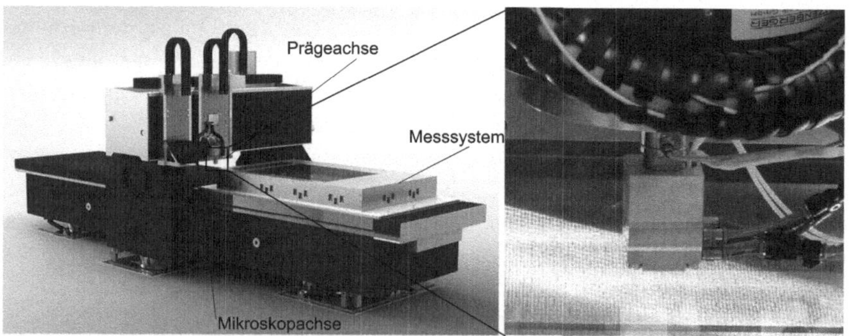

Abb. 5.5 Maschinensystem zum mehrschrittigen Heißprägen

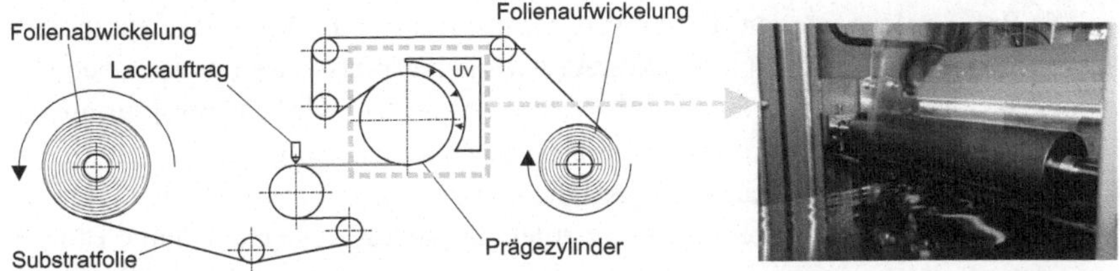

Abb. 5.6 Systemaufbau eines Maschinensystems für die UV-basierte, kontinuierliche Folienstrukturierung

5.3 Kontinuierliche Produktion optischer Folien

Mit Hilfe mikrostrukturierter flächiger Optiken kann der Lichtaustritt großflächiger Leuchten beeinflusst werden. So lässt sich beispielsweise der Lichtaustrittskegel kontrollieren oder gezielt eine diffuse Eigenschaft einstellen. Neben strukturierten extrudierten Platten haben sich für die kostengünstige Herstellung derartiger Flächenoptiken für einige Anwendungen Folienstrukturierungsprozesse etabliert.

Aufgrund des Systemaufbaus der Anlagen wird bei den Herstellungsverfahren häufig die Bezeichnung Rolle-zu-Rolle-Verfahren (bzw. englisch: roll-to-roll-process) verwendet. Die Prozesse können als Transformation des Heißprägeprozesses beziehungsweise der Nanoimprintlithographie für kontinuierliche Fertigung angesehen werden. Die Übertragung der Strukturen erfolgt bei der Folienstrukturierung von strukturierten Walzen. In Analogie zum planaren Heißprägeprozess erfolgt die Strukturabformung bei der thermischen Folienstrukturierung durch Abformung in eine monolithische, thermoplastische Folie. Die Folie wird zunächst vorgeheizt und anschließend über eine beheizte Walze strukturiert. In Abgrenzung dazu wird im UV-basierten Folienstrukturierungsprozess zunächst eine Folie mit einem Polymer beschichtet, das sich über UV-Bestrahlung aushärten lässt.

Die weiteste Verbreitung dieser Fertigungstechnologie findet sich in der Herstellung von Folien mit optischen Funktionen für Flachbildfernseher und Monitoren sowie bei der Herstellung von Hologrammen. Neben Folien zur gezielten Diffusion von Licht werden vor allem prismatische Folien für den Aufbau von Hintergrundbeleuchtungen benötigt. Der kontinuierliche Prägeprozess bietet die Möglichkeit, Mikrostrukturen sehr kostengünstig herzustellen. UV-basierte Prozesse sind thermischen Prägeprozessen hinsichtlich der erreichbaren Fertigungsgeschwindigkeit überlegen. Je nach Strukturtiefe lassen sich bei UV basierten Prozessen Geschwindigkeiten von bis zu 30 m/min erreichen (Leach und Haitjema 2010). Abbildung 5.6 zeigt den stark vereinfachten Systemaufbau eines Maschinensystems für die UV-basierte Folienstrukturierung.

Die Prägewalzen werden für den Prozess mit Nano- oder Mikrostrukturen versehen. Für kontinuierliche Nutstrukturen, wie sie beispielsweise bei den oben genannten Folien für die Displaytechnik verwendet werden, wird das Strukturmuster durch Mikrozerspanungsprozesse auf die Walzenkörper aufgebracht. Alternativ können über galvanische Abformungstechnik auch dünne Negativabzüge von flächig strukturierten Substraten erzeugt werden. Diese lassen sich als dünne Bleche zu einem Rohr zusammenschweißen, welches auf eine Prägewalze aufgezogen werden kann (Leach und Haitjema 2010).

6 Messtechnische Charakterisierung optischer Komponenten

Jenseits der Herstellung optischer Komponenten stellt ihre exakte und wiederholpräzise messtechnische Charakterisierung eine wesentliche Herausforderung im gesamten Produktionsablauf dar. Vor dem Hintergrund stetig neuer oder verbesserter Fertigungsmöglichkeiten ist die Messtechnik fortwährend der Herausforderung ausgesetzt, die gefertigten Produktspezifikationen auch erfassen und überprüfen zu können. Das gilt im Besonderen für den Bereich innovativer optischer Komponenten, wie sie in LED Beleuchtungsanwendungen eingesetzt werden.

6.1 Herausforderungen in der Prüfung optischer Funktionsflächen

Die optische Funktion eines Bauteils wird im Wesentlichen durch die Geometrie und Beschaffenheit der zugehörigen Funktionsflächen und über den Brechungsindex auch durch den eingesetzten Werkstoff bestimmt. Insofern zeichnen sich innovative optische Komponenten vor allem durch Verbesserungen in den Werkstoffeigenschaften oder bzw. und durch neuartige Geometrien aus. Beide Möglichkeiten sind aus messtechnischer Sicht i. d. R. mit Herausforderungen verbunden, die häufig dazu führen, dass die spezifizierten Bauteileigenschaften mit hohem Aufwand geprüft werden müssen oder u. U. eine Prüfung im vorgegebenen Toleranzbereich gar nicht möglich ist.

Grundsätzlich können Funktionsflächen und Werkstoff separat geprüft werden oder im Rahmen einer Funktionsprüfung in nur einer Messung. Dazu wird die erzielte optische Funktion des Systems (z. B. die Güte der Kollimation) mittels eines geeigneten Sensors erfasst und mit der Sollfunktion abgeglichen. Aufgrund der Tatsache, dass mit einer solchen Funktionsprüfung zwar eine qualitative Beurteilung des Systems möglich, eine Differenzierung der Einflussfaktoren z. B. zwi-

C. Brecher et al., *Kunststoffkomponenten für LED-Beleuchtungsanwendungen*, essentials, DOI 10.1007/978-3-658-12250-8_6

schen Oberflächengeometrie, -beschaffenheit und Werkstoffeigenschaften jedoch nur sehr begrenzt realisierbar ist, fokussieren nachfolgende Betrachtungen auf die entsprechenden Einzelprüfungen.

Für den Anwendungsfall der LED Beleuchtungsoptiken stehen vor allem die Herausforderungen zur Erfassung ihrer Geometrie im Vordergrund, die auch als Formprüfung bezeichnet wird. Klassische optische Funktionsflächen sind *Sphären.* Sie bestehen also aus dem gekrümmten Teil eines Kugelsegments. Ein aus messtechnischer Sicht wichtiges Merkmal ist die lokale Neigung φ der Oberfläche des Kugelsegments, welche in der optischen Achse 0° beträgt und zum Rand der Funktionsfläche hin stetig zunimmt (vgl. Abb. 6.1 oben rechts). Diese Neigungen werden daher auch als Flankensteilheit bezeichnet. Allerdings weisen Sphären als optische Funktionsfläche u. a. mit der sphärischen Aberration physikalische Abbildungsfehler auf, die durch sogenannte *Asphären* minimiert werden können. Solche Flächen sind durch mehr oder weniger starke Abweichungen zur vergleichbaren Sphäre gekennzeichnet, wodurch sich die beschriebenen lokalen Oberflächenneigungen noch vergrößern können (Naumann et al. 2014; S. 133 ff.). Gleichwohl

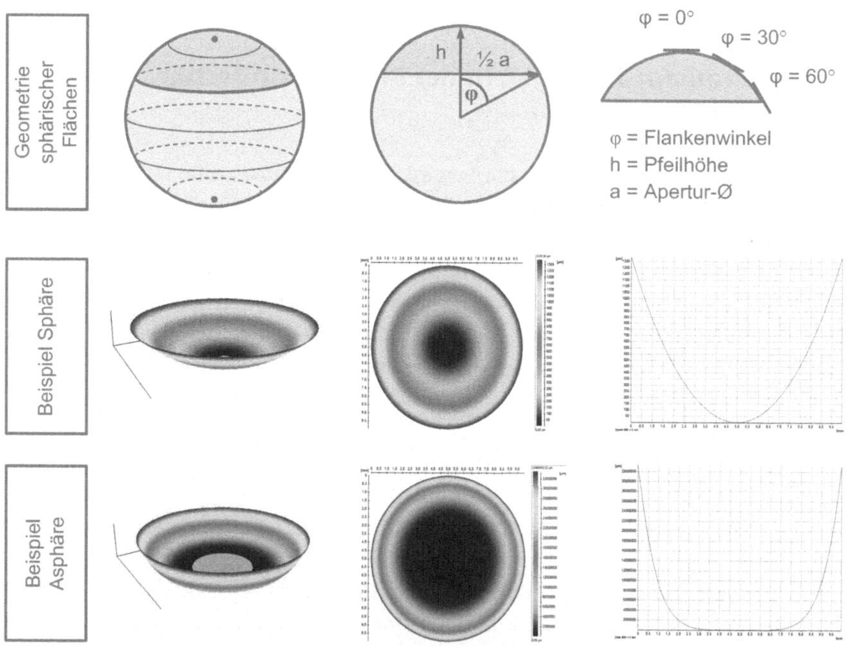

Abb. 6.1 Rotationssymmetrische Prüflingsgeometrien einer optischen Komponente

sind Asphären immer noch rotationssymmetrisch, was für die letzte Gruppe der *Freiformflächen* nicht mehr zutrifft. Bei ihnen können die Oberflächenneigungen frei verteilt und besonders groß sein. Die sich dadurch ergebenden, deutlich erweiterten Möglichkeiten zur Lichtformung stellen sowohl die taktile, wie auch die berührungslose Messtechnik vor große Herausforderungen, die aus Restriktionen der Messkonfiguration herrühren.

Bei der taktilen Formprüfung sind das Restriktionen im Zusammenspiel zwischen Tastspitze und zu prüfender Oberfläche. Die gesuchte Geometrieinformation wird durch die Relativbewegung einer über die Bauteiloberfläche gezogenen Tastspitze erfasst, über deren vertikaler Auslenkung bzw. Höhendifferenz sich der Zusammenhang zur Prüflingsgeometrie herstellen lässt. Dieser Zusammenhang ist aber zunächst auf einen möglichst horizontalen Arbeitsbereich des taktilen Systems ausgelegt, in dem die seitliche Relativbewegung des Tasters L_T hinreichend genau der auf dem Prüfling zurückgelegten Strecke L_P entspricht. Die Abweichungen der beiden Strecken können in erster Näherung mit $L_P = L_T \cdot \cos^{-1}(\varphi)$ abgeschätzt werden (vgl. Abb. 6.2). Gemäß dem Verlauf des Cosinus ergibt sich damit beispielsweise bei 5° Flankensteilheit eine tatsächliche gemessene Länge auf dem Prüfling L_P von 100,38 % L_T, wohingegen sie bei 30° schon bei 115,47 % L_T liegt. Daraus resultieren für das Messsystem Unterschiede, die a priori durch aufwendige Kalibrierprozesse möglichst gut erfasst werden müssen, um sie in der Auswertung der Daten kompensieren zu können. Diese Kompensation hat allerdings in sehr kleinen Dimensionen, wie sie bei der Erfassung der Rauheit wichtig sind, ihre Grenzen und kann zur Verfälschung des Messwertes beitragen.

Noch bedeutender ist für die taktile Formprüfung allerdings die Tatsache, dass es in steilen Bereichen dazu kommen kann, dass die Tastspitze die Prüflingsober-

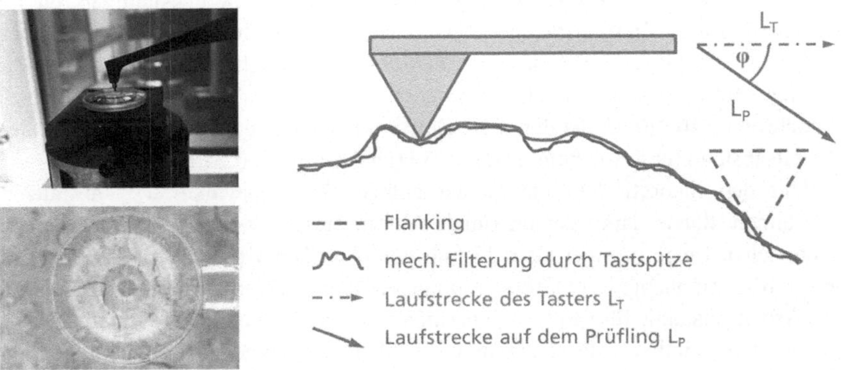

Abb. 6.2 Restriktionen taktiler Verfahren

fläche mit ihrer Flanke berührt (eng. flanking) und damit die Messung irregulär verfälscht wird. Dieser Fehler kann im Messergebnis häufig direkt erkannt werden und begrenzt die Einsatzfähigkeit taktiler Verfahren zur Formprüfung.

Aber auch hinsichtlich der optischen Verfahren existieren Limitationen für die maximal erfassbare Flankensteilheit, da solche Verfahren darauf angewiesen sind, die zur Messung genutzte Strahlung zurück zum Sensor leiten zu können. Dieser Zusammenhang wird bei der Betrachtung eines optischen Sensors vor einem gekrümmten Prüfling schnell deutlich: in der Mitte der (ungeneigten) Prüflingsoberfläche trifft der Messstrahl orthogonal auf den Prüfling und wird auf direktem Weg zurück zum Sensor geworfen. Bei leicht geneigter Prüflingsoberfläche dagegen wird der Messstrahl entsprechend dem Reflexionsgesetzt abgelenkt und gelangt unter einem Winkel zurück zum Sensor. Die Kombination aus Durchmesser und Arbeitsabstand des Objektivs bestimmt nun, bei welcher maximalen Neigung der Prüflingsoberfläche der Messstrahl zurück zum Sensor gelangen kann oder verloren geht. Sie wird als numerische Apertur NA angegeben, ist ein Maß für die in ein Objektiv eintretende Lichtstärke bzw. für das Auflösungsvermögen eines Mikroskops und ist definiert als Produkt aus dem Brechungsindex n und dem halben Öffnungswinkel α (Hahn 2015, S. 90 ff.; Jahns 2001, S. 111 ff.).

$$NA = n \cdot \sin(\alpha) \tag{6.1}$$

Da der halbe Öffnungswinkel nicht größer als 90° sein kann und der Brechungsindex von Luft ca. 1 ist, muss die numerische Apertur von sogenannten Trockenobjektiven <1 sein. In der Praxis wird dieser theoretische Wert allerdings nicht erreicht, sondern liegt für gute Objektive etwa bei 0,95, was einem maximalen halben Öffnungswinkel von $\alpha_{max}=71{,}75°$ entspricht. Auch bei diesem Wert sind jedoch eine Reihe von praktischen Einschränkungen zu berücksichtigen, da sie extrem niedrige Arbeitsabstände voraussetzen, durch die die steilen Bereiche einer optischen Komponente nicht immer kollisionsfrei zugänglich sind (vgl. Abb. 6.3). So liegt beispielsweise für ein kommerziell erhältliches Trockenobjektiv Plan-Apochromat 40×/0,95 der Fa. Carl Zeiss mit der genannten NA von 0,95 der Arbeitsabstand (eng. working distance WD) bei nur noch 0,25 mm.

Um den theoretischen maximalen halben Öffnungswinkel α_{max} ausnutzen zu können, dürfte damit der maximale Aperturdurchmesser einer zu messenden sphärischen Linse weniger als 0,35 mm betragen. Das ist ein Wert, der von den meisten Komponenten um Größenordnungen überschritten wird. Da zudem Teile des Arbeitsabstands für den Strahlverlauf vorgesehen werden müssen und darüber hinaus das erzielbare Messergebnis neben den geometrischen Randbedingungen von weiteren Faktoren, wie dem Reflexionsgrad der Oberfläche etc. abhängig ist,

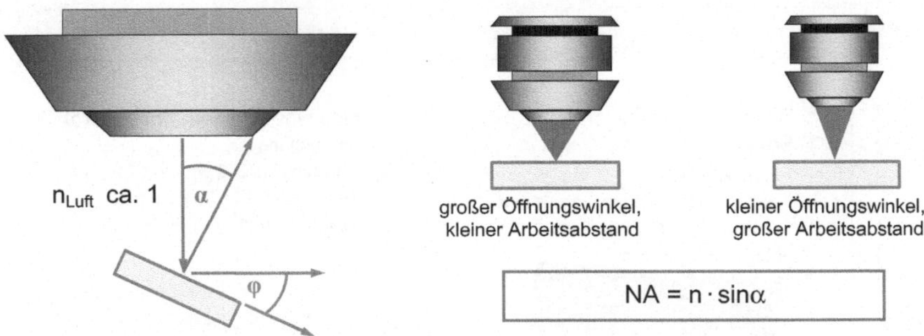

Abb. 6.3 Restriktionen optischer Verfahren

liegen realistische Flankensteilheiten, die mit optischen Verfahren erfasst werden können, eher im Bereich von max. ±30°.

6.2 Übersicht und Praxisbeispiele zu ausgewählten Verfahren

Trotz der geschilderten Herausforderungen bei der messtechnischen Charakterisierung optischer Komponenten und insbesondere von LED Vorsatzoptiken existiert eine Vielzahl unterschiedlicher Messsysteme und Verfahrensvarianten. Im Folgenden werden einige ausgewählte Verfahren kurz vorgestellt, die zur Form- und/oder Oberflächenmessung (auch der in Abschn. 5.2 erläuterten Mikrostrukturen) geeignet sind. Abbildung 6.4 gewährt ferner einen Überblick über jeweilige Beispielmessungen der erwähnten Systeme, gegliedert in eine Matrix nach Funktionsprinzip und Dimension des Messergebnisses. Alle Beispielmessungen zeigen mit einer leichten Asphäre die gleiche Komponente.

Das **Koordinatenmessgerät KMG** ist das wahrscheinlich flexibelste System und zeigt diese Eigenschaft auch in der Erfassung optischer Komponenten. Es ist häufig die einzig verbleibende Alternative, wenn größere Bereiche von Komponenten gemessen werden sollen, deren einzelne Abschnitte nur schwer zugänglich sind und sich in ihrer Oberflächenneigung stark voneinander unterscheiden. Darüber hinaus ist es häufig auch von Bedeutung, die optische Funktionsfläche, in Relation zu bestimmten Referenzpunkten/-flächen zu bestimmen, wofür das KMG ein überaus geeignetes Messgerät ist.

Konventionelle KMG arbeiten taktil und erfassen die Oberflächeninformation berührend mittels einer Tastkugel. Das Messergebnis ist also zunächst eine Punktkoordinate im Raum. Durch flächenhaftes Antasten in zwei Dimensionen kann

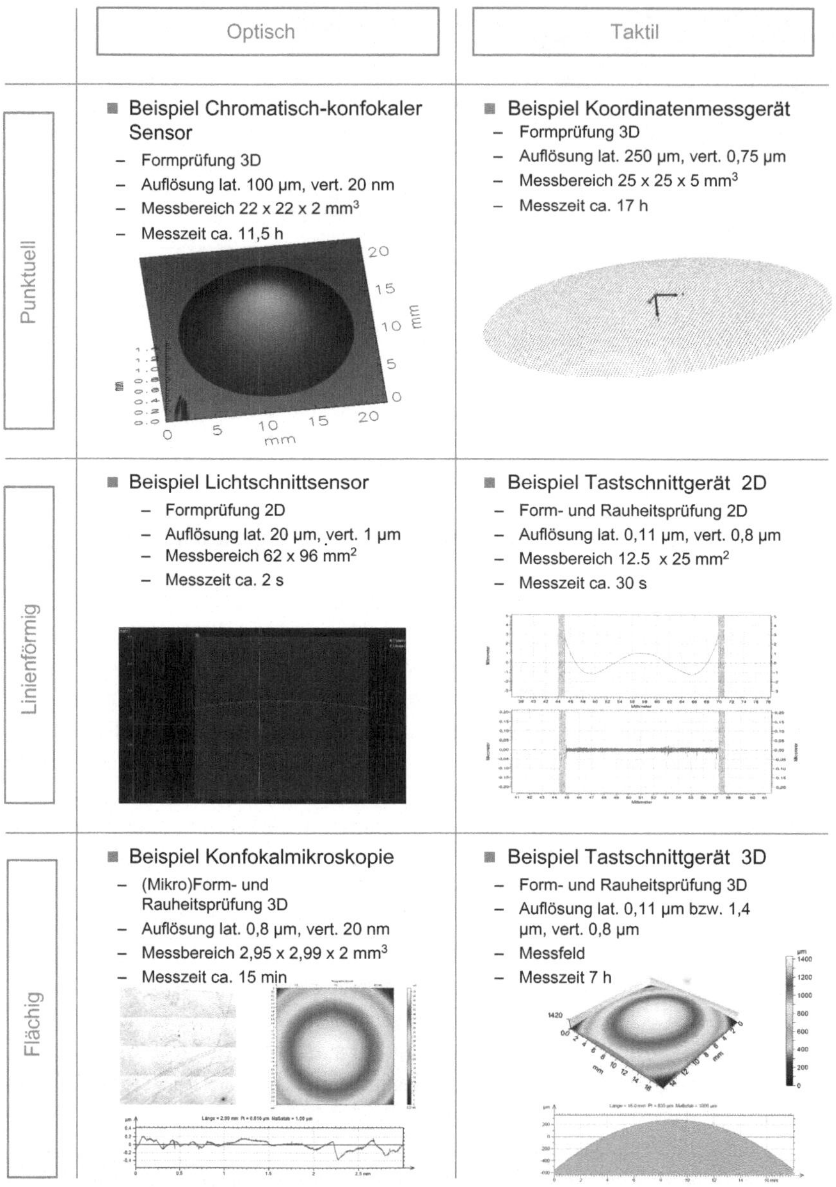

Abb. 6.4 Übersicht zu Möglichkeiten der Form- und Rauheitsprüfung

ein 3D-Messergebnis erzeugt werden, welches sich gut mit den Solldaten abgleichen lässt. Hierbei ist die begrenzte laterale Auflösung, zu berücksichtigen, also der Abstand der Punkte zueinander bezogen auf die x-y-Ebene. Theoretisch sind auch mit dem KMG gute laterale Auflösungen im einstelligen µm-Bereich realisierbar, praktisch hingegen skaliert die erforderliche Messzeit quadratisch mit der gewünschten Auflösung, wodurch schnell extrem große Messzeiten von einigen 1000 h zu Stande kommen, die weder technisch noch wirtschaftlich sinnvoll sind.

Es gibt auch Multisensor-KMG, die mit Hilfe ihrer Kinematik eine Vielzahl unterschiedlicher Sensoren bewegen. Hierzu gehören faseroptische Sensoren, Fasertaster, chromatisch konfokale Sensoren etc. Bei grundsätzlich gleichbleibendem Funktionsprinzip der Aufnahme von Koordinaten im Raum können damit diverse Vorteile erschlossen werden, wie z. B. die berührungslose Prüfung oder die Generierung vieler Messwerte mit hoher Frequenz (z. B. einige kHz), wodurch sich die erforderliche laterale Auflösung für Rauheitsmessungen von z. B. 2,5 µm auch auf dem KMG realisieren lassen (vgl. DIN EN ISO 25178). Ferner sind die Sensoren untereinander referenziert, d. h. sie sind zusammen an komplexen Bauteilen einsetzbar und können so ihre individuellen Vorteile ausspielen.

Taktile **Tastschnittgeräte** bewegen eine Tastspitze lateral über die Prüflingsoberfläche hinweg und erfassen die vertikale Auslenkung der Tastspitze in Folge der Oberflächeneigenschaften. Mit ihnen kann sowohl die Rauheit, als auch die Form gemessen werden, allerdings sind die berührenden Eigenschaften der über der Oberfläche entlang schleifenden Tastspitze deutlich gravierender als die der lediglich tastenden Kugel des KMG. Insbesondere bei Kunststoffoptiken oder Formeinsätzen führt das zu i. d. R. nicht tolerierbaren Beschädigungen der optischen Funktionsfläche (vgl. Abb. 6.2 links unten).

Neben der konventionellen Kinematik gibt es auch Tastschnittgeräte, die mit zusätzlichen Achsen arbeiten und auf diese Weise erweiterte, dreidimensionale Prüfinformationen erzielen. Dies kann z. B. durch eine Rotation des Prüflings geschehen, durch welche mehrere meridionale Schnitte erzeugt werden, die in ihrer Prüfaussage deutlich genauer sind, als ein einzelner Schnitt. In jedem Fall muss für rotationssymmetrische Prüflinge im Vorlauf der Messung zunächst der Zenit gefunden werden, also der höchste bzw. niedrigste Punkt der Oberfläche, an dem die lokale Steigung für alle lateralen Richtungen 0 ist. Nur wenn die spätere Messung diesen Punkt enthält kann eine korrekte Auswertung der Form erfolgen.

Chromatisch konfokale Punktsensoren nutzen mit der chromatischen Aberration, also der Abhängigkeit der Brennweite von der Wellenlänge der Strahlung, einen Abbildungsfehler von Linsen, der in konventionellen optischen Systemen minimiert wird.

Da Strahlung niedrigerer Wellenlänge (blau) kürzere Brennweiten hat, als Strahlung höherer Wellenlänge (rot) kann über ein angeschlossenes Spektrometer die von der Prüflingsoberfläche zurückgeworfene Strahlung analysiert und so die gesuchte Höheninformation gemessen werden (Tränkler und Reindl 2014, S. 701 ff.).

Bei **Lichtschnittsensoren** kommt eine Strahlformungsoptik (z. B. Zylinderlinse) zum Einsatz, die den Messstrahl zu einer Linie aufweitet. Die vom Prüfling reflektierte Strahlung wird durch einen flächigen Kamerasensor ausgewertet. Die Komponenten des Lichtschnittsensors sind dabei so angeordnet, dass über die Triangluationsbedingung die Höheninformation gewonnen werden kann (Koch et al. 1998, S. 115 ff.). Über eine Rotation des Prüflings ist wie bei Tastschnittgeräten eine Erweiterung der Prüfaussage möglich.

Optisch flächig messende Verfahren generieren die Prüfinformation auf unterschiedliche Weise. So wird bei der Formprüfinterferometrie die Abweichung der Prüflingsoberfläche zu einer Referenzwellenfront untersucht, welche vorher mit einem entsprechend hochgenauen Objektiv generiert wurde. Da diese Objektive sphärisch sind, können damit, abhängig vom Prüflingsdurchmesser, alle sphärischen Objekte sowie diejenigen Asphären geprüft werden, die nur leicht von der sphärischen Form abweichen. Für stark asphärische Prüflinge oder Freiformflächen muss die individuelle Referenzwellenfront mittels eines computergenerierten Hologramms CGH erzeugt werden. Demgegenüber nutzt die Konfokalmikroskopie einen speziell konstruierten Strahlengang aus, bei dem nur die Strahlung zurück zum Sensor gelangt, welche exakt im Fokuspunkt des genutzten Objektivs liegt. Wird die vertikale Position des Objektivs durch Piezo-Aktoren hochgenau verändert, kann so die Höheninformation der betreffenden Prüflingsoberfläche erfasst werden.

Die hohe laterale Auflösung derartiger Systeme erlaubt eine kombinierte Form- und Rauheitsmessung an Teilbereichen der Prüflingsoberfläche. Zwar skaliert die laterale Auflösung entgegengesetzt zum gewählten Messbereich, aber auch größere Flächen lassen sich durch das Aneinanderfügen (engl. stitchen) von Einzelmessungen erfassen. Dazu wird ein gewisser Überlappbereich der Einzelmessungen genutzt, der bis zu 20 % betragen kann. Insbesondere bei merkmalsarmen Oberflächen kommt es dabei trotzdem zu Stitching-Artefakten, also Berechnungsfehlern beim rechnerischen Ausrichten der einzelnen Messfelder, welche das Messergebnis unzulässig beeinträchtigen können (vgl. Übergänge im Beispiel der Konfokalmikroskopie Abb. 6.4 unten links).

Jenseits dieser Auswahl an grundlegenden Verfahren, existieren zahlreiche Verfahrensvarianten, um den im vorangegangenen Abschnitt beschriebenen Restriktionen bei der Erfassung großer Flankensteilheiten zu begegnen. Diese Verfahren adressieren im Allgemeinen die Relativposition zwischen Sensor und Prüfling mit dem Ziel, eine Kinematik zur Verfügung zu stellen, die eine möglichst orthogonale Ausrichtung zwischen Prüflingsoberfläche und dem Taster/Sensor bzw. der emittierten Strahlung ermöglicht. Damit können entweder kontinuierlich oder in einzelnen Teilschritten auch größere und ansonsten schwer zugängliche Bereiche der Prüflingsoberfläche gemessen werden.

Dieser Ansatz ist seit langem bereits in konventionellen Tastschnittgeräten integriert. Die steile Prüflingsoberfläche oder das Tastsystem wird um z. B. 25° angekippt, wodurch eine der Flanken für die Tastspitze besser zugänglich ist. Nach dieser Teilmessung muss der Prüfling 180° um die optische Achse gedreht werden, womit die zweite Messung auf der gegenüberliegenden Flanke ermöglicht wird. Dank eines Überschneidungsbereichs beider Teilmessungen um den Zenit der Oberfläche herum, können diese zu einer Messung Zusammengesetzt werden. Auf diese Weise addieren sich die Flankensteilheiten von Tastsystem und Verkippung, sodass auch Werte von 50° und mehr erzielt werden können. Derartige Kinematiken werden auch von Systemen genutzt, die optische Sensoren/Objektive hochgenau zustellen und so anspruchsvolle Geometrien erfassen können.

6.3 Von der einzelnen Funktionsfläche zum Gesamtsystem

Auch wenn mit hohem Aufwand die jeweilige Funktionsfläche hergestellt und messtechnisch qualifiziert wurde, kann sie ihre Funktion nur dann optimal erfüllen, wenn sie an der richtigen Stelle im optischen System sitzt. Dieser Zusammenhang gilt sowohl für die Funktionsflächen eines Elements (z. B. Vorder- und Rückseite einer Vorsatzoptik), als auch für die einzelnen Elemente eines mehrkomponentigen Systems. Mögliche Fehler in der Orientierung der Funktionsflächen zueinander können dabei in Dezentrierungen und Verkippungen bestehen. Bei der Dezentrierung ist die optische Achse der Fläche parallel zur Achse des Systems lateral versetzt, wohingegen sie bei der Verkippung um einen beliebigen Punkt verdreht ist. Diese Bauteilfehler hängen unmittelbar mit dem Herstellungsprozess zusammen und können z. B. auf die Achsparallelität der Formwerkzeuge oder die Geradheit ihrer Führung zurückgeführt werden (vgl. Abschn. 4.2).

Da mit Blick auf die LED Beleuchtungsanwendungen häufig nur eine Vorsatzoptik eingesetzt wird, sind hier vor allem die Fehler innerhalb dieser einen Komponente bzw. ihrer Ausrichtung über der Lichtquelle von Bedeutung. Die Erfassung derartiger Fehler kann sowohl über die Geometrie als auch über die Funktion geschehen. In der Geometrieprüfung wird beispielsweise über einen Autokollimator die Abweichung des Krümmungsmittelpunktes einer rotationssymmetrischen Fläche zur optischen Achse des Systems erfasst, um so etwaige Fehlpositionierungen

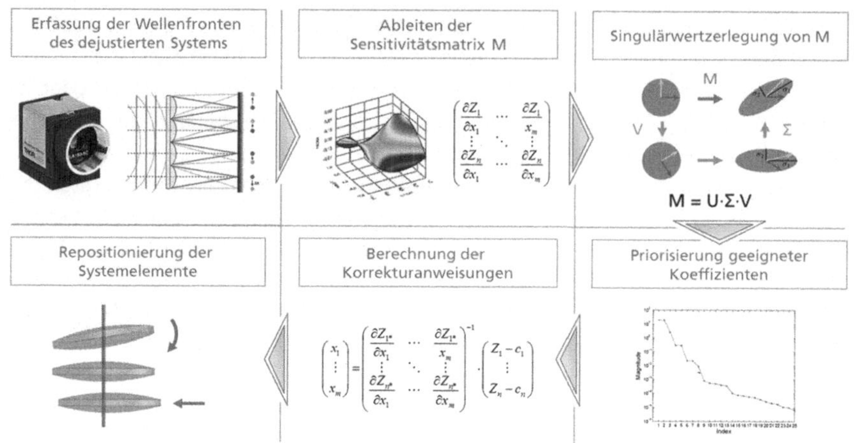

Abb. 6.5 Möglicher Ablauf der Erfassung von Korrekturanweisungen anhand der optischen Funktion

dieser Fläche messen zu können. Auch in mehrkomponentigen Systemen können so die einzelnen Funktionsflächen und damit das Gesamtsystem sukzessiv charakterisiert werden.

Für die Funktionsprüfung dagegen kommen häufig Wellenfrontsensoren zum Einsatz, welche über ein Mikrolinsenarray die lokalen Steigungen der Wellenfront und damit die lichtformenden Eigenschaften des optischen Systems auf einer CCD-Kamera abbilden (Dorn und Pfund 2015, S. 30–31). Die so rekonstruierte Wellenfront kann dazu dienen, näheren Aufschluss über die Systemeigenschaften zu liefern. Hierzu kann beispielsweise die gemessene Wellenfront in ihre orthogonale Polynome, den sogenannten Zernike Koeffizienten zerlegt werden. Mit einer überschaubaren Anzahl solcher Koeffizienten lässt sich die gemessene Wellenfront in guter Näherung nachbilden.

Der Wesentliche Vorteil dieser Koeffizienten-Darstellung liegt aber in der Tatsache, dass bestimmte Koeffizienten Rückschlüsse auf bestimmte Systemzustände zulassen. Beispielsweise korreliert der Coma-Therm der Wellenfront unmittelbar mit der Dezentrierung der Systemkomponenten. Diese Zusammenhänge sind z. T. linear und können genutzt werden, um Korrekturanweisungen für die Positionierung der Komponenten zueinander zu berechnen und umzusetzen, wie in einem beispielhaften Ablauf in Abb. 6.5 illustriert ist.

Was Sie aus diesem Essential mitnehmen können

- Stabilste Ultrapräzisionsprozesse und monokristalline Diamantwerkzeuge sind zum Erreichen optisch höchstwertiger Formeinsätze nötig.
- Neben der Bearbeitung von Nicht-Eisenmetallen erlauben neueste Ansätze auch die Bearbeitung von gehärteten Stahlformeinsätzen.
- Die fachgerechte Entstaubung des Kunststoffgranulats stellt einen wesentlichen Schritt der Materialvorbereitung zur qualitativ hochwertigen Produktion von Kunststoffoptiken im Spritzgießprozess dar.
- Dickwandige LED-Vorsatzoptiken können im Vergleich zum konventionellen Spritzgießverfahren über den Spritzprägeprozess mit höheren Formhaltigkeiten bei gleichzeitig geringeren Zykluszeiten produziert werden.
- Der Folienstrukturierungsprozess im Rolle-zu-Rolle-Verfahren kann zur wirtschaftlichen Herstellung großflächiger Lichtleiterelemente angewandt werden.
- Hohe Flankensteilheiten limitieren die messtechnische Erfassung der Komponenten, sowohl bei taktilen als auch bei optischen Verfahren.

C. Brecher et al., *Kunststoffkomponenten für LED-Beleuchtungsanwendungen*, essentials, DOI 10.1007/978-3-658-12250-8

Formelzeichen und Abkürzungen

Formelzeichen	Einheit	Beschreibung
A_{proj}	mm2	Aufspannflächengröße
F_{max}	N	Max. Forminnendruck in der Spritzgießmaschine
$F_{Zuhaltekraft}$	N	Zuhaltekraft in der Spritzgießmaschine
L	cd · m−2	Leuchtdichte
L_P	mm	Länge der zurückgelegten Strecke auf dem Prüfling
L_T	mm	Länge der horizontalen Relativbewegung des Tasters
M		Spezifische Lichtausstrahlung eines Lichtleiters
Ra	µm	Mittenrauwert
T_G	°C	Glasübergangstemperatur
N	–	Brechungsindex
r_β	µm	Schneidkantenradius
r_ε	µm	Eckenradius
Φ	lm	Lichtstrom
Ω		Raumwinkel zur Leuchtdichteberechnung
α		Halber Öffnungswinkel eines Objektivs
α_0		Freiwinkel eines Drehwerkzeugs
α_c		Kritischer Winkel der Totalreflexion
β_0		Keilwinkel eines Drehwerkzeugs
γ_0		Spanwinkel eines Drehwerkzeugs
φ		Lokale Neigung der optischen Funktionsfläche
φ_0		Öffnungswinkel eines Drehwerkzeugs
κ_0		Spitzenwinkel eines Drehwerkzeugs
K_1		Lateralwinkel eines Drehwerkzeugs

C. Brecher et al., *Kunststoffkomponenten für LED-Beleuchtungsanwendungen*,
essentials, DOI 10.1007/978-3-658-12250-8

Formelzeichen	Einheit	Beschreibung
Abkürzung		*Beschreibung*
BMBF		Bundeministerium für Bildung und Forschung
CAD		Computer-Aided Design
CAM		Computer-Aided Manufacturing
CBN		Kubisches Bornitrit
COC		Cyclo-Olefin-Copolymere
COP		Cyclic Olefin Polymer
DLC		Diamond-like Carbon
HBW		Härte nach Brinell
HRC		Härte nach Rockwell, Skala C
KMG		Koordinatenmessgerät
LGP		Light Guide Plate
LSR		Liquid Silicone Rubber
MKD		Monokristalliner Diamant
NiP		Nickel-Phosphor Beschichtungen
NURBS		Non-Uniform Rational B-Spline
PC		Polycarbonat
PMMA		Polymethylmethacrylat
TIR		Total Internal Reflection (Totalreflexion)
UKP		Ultrakurzpuls
WD		Working Distance (Arbeitsabstand9
kfz		Flächenzentriertes Kristallgitter

Literatur

Bäumer, S.: Handbook of Plastic Optics. Wiley-VCH, Weinheim (2005)

BMBF: Bundesministerium für Bildung und Forschung. 2001. Optik-Design für optische Komponenten und Systeme in ihrer vollständigen Wertschöpfungskette. Archiv Produktionsforschung. http://www.produktionsforschung.de/ucm/groups/contribution/@pft/documents/na-tive/ucm01_000336.pdf (2001). Zugegriffen: 4. Mai 2015

Brecher, C., Baum, C.: ML^2 – MultiLayer MicroLab, Production platform for layered multifunctional devices. In: Proceedings of 7th International Symposium on Flexible Organic Electronics (ISFOE14), Thessaloniki, Greece, 7–10 July 2014

DIN EN ISO 25178: Geometrische Produktspezifikation (GPS) – Oberflächenbeschaffenheit: Flächenhaft

Dorn, R., Pfund, J.: Effiziente Qualitätssicherung mittels multifunktionaler Optikprüfung. Photonik **46**(1):30–33 (2015)

Ertl, S.: Untersuchungen zur Herstellung und zum Einsatz mikrotechnisch gefertigter Diamantwerkzeuge. Dissertation, Albert-Ludwigs-Universität Freiburg, S. 50 (2003)

Glinsner, T., Kreindl, G., Miller, R.: Step and repeat nanoimprint lithography. In: Tagungsband: 2. Aachener Präzisionstage. Aprimus Verlag, Aachen (2010)

Gotzmann, G.: Lupenrein und ohne Makel. Sonderausgabe. Kunststoffe **102**(9):2–4 (2012)

Hahn, F.: Werkstofftechnik-Praktikum. Werkstoffe prüfen und verstehen. Carl Hanser, München (2015)

Hoerberg, J.: Effiziente Optiken für High-Power-LEDs. Elektronik-Praxis Vogel, S. 14–16. Sonderheft 5/2007

Jahns, J.: Photonik. Grundlagen, Komponenten und Systeme. Oldenbourg, München (2001)

Klocke, F., Klotz, M.: Fertigungsverfahren. Abtragen, Generieren und Lasermaterialbearbeitung, 4. Aufl. Springer, Berlin (2007) (Reihe: Fertigungsverfahren, Bd. 3)

Klocke, F., König, W.: Fertigungsverfahren 1. Drehen, Fräsen, Bohren, 8. Aufl, S. 104 ff. Springer-Verlag, Berlin (2008)

Koch, A.W., Ruprecht, M.W., Toedter, O., Häusler, G.: Optische Meßtechnik an technischen Oberlächen. Praxisorientierte lasergestützte Verfahren zur Untersuchung technischer Objekte hinsichtlich Form, Oberflächenstruktur und Beschichtung. Expert, Renningen-Malmsheim (1998)

Leach, R., Haitjema, H.: Bandwith characteristics and comparison of surface texture measuring instruments. Meas. Sci. Technol. **21** (2010). doi:10.1088/0957-0233/21/7/079801

C. Brecher et al., *Kunststoffkomponenten für LED-Beleuchtungsanwendungen*, essentials, DOI 10.1007/978-3-658-12250-8

Menges, G., Michaeli, W., Mohren, P.: Spritzgießwerkzeuge. Auslegung, Bau, Anwendung. Carl Hanser Verlag, München (2007)

Naumann, H., Schröder, G., Löffler-Mang, M.: Handbuch Bauelemente der Optik – Grundlagen, Werkstoffe, Geräte, Messtechnik, 7. Aufl. München, Carl Hanser (2015)

Optical Research Associates: Optical Design Tools for Backlight Displays. Pasadena, USA (2014). (Firmenschrift)

Paul, E., Evans, C.J., Mangamelli, A., McGlauflin, M.L., Polvani, R.S.: Chemical aspects of tool wear in single point diamond turning. Precis. Eng. **18**(1), 4–19 (1996)

Peng et al.: Effect of vibration on surface and tool wear in ultrasonic vibration-assisted scratching of brittle materials. Int. J. Adv Manuf Technol **59**, 67–72 (2012)

Schneider, H.: Saubere Arbeit, hochwertiges Produkt. Entstauben von Kunststoffgranulat. Plastverarbeiter **56**(10), 116–117 (2005)

Teng, T., Kuo, M.: Optical characteristic of the light guide plate with microstructures engraved by laser. In: Proceedings of Conference Volume 8485 Nonimaging Optics: Efficient Design for ilumination and Solar Concentration IX. California, USA. SPIE Society, Bellingham (WA) 12. Aug 2012

Tränkler, H.R., Reindl, L.M.: Sensortechnik. Handbuch für Praxis und Wissenschaft, 2. Aufl. Springer Vieweg, Berlin (2014)

Velzel, C.: A Course in Lens Design. Springer Series in Optical Sciences (Volume 1832014), ISBN 978-94-017-8685-0

Walter, T., Müller, R.U.: Für den richtigen Durchblick. Optische Teile (1). Kunststoffe **99**(10), 72–76 (2009)

Weck, M., Brecher, C.: Werkzeugmaschinen. Konstruktion und Berechnung, Bd. 2, 8. Aufl, S. 514 ff. Springer-Verlag, Berlin (2006)